"十二五"职业教育国家规划教材
经全国职业教育教材审定委员会审定
全国高职高专院校机电类专业规划教材

电气控制与PLC应用

吴春诚　主编
谢美芬　黄华圣　陈忠海　副主编

DIANQI KONGZHI YU PLC YINGYONG

中国铁道出版社
CHINA RAILWAY PUBLISHING HOUSE

内 容 简 介

本书以工作任务为导向，采用项目形式编写而成。全书共分 5 个项目（19 个任务）：项目一介绍了三相异步电动机传统控制的基本知识和基本技能；项目二和项目三以三菱 FX 系列小型 PLC 为例介绍 PLC 的基本知识、基本指令及其应用；项目四和项目五介绍 PLC 功能指令及综合应用。每个任务均配有自主练习，用于提高学生自主学习能力和加强技能训练。通过学习和训练，不仅可使学生掌握电气控制的基本知识和 PLC 的指令系统，而且可以掌握完成一个实际 PLC 控制系统的编程、安装和调试方法。

本书适合作为高职电类、机电类、数控类等相关专业的教材，也可作为相关从业技术人员的技术参考书或培训教材。

图书在版编目（CIP）数据

电气控制与 PLC 应用/吴春诚主编 . —北京：中国铁道出版社，2014.8

"十二五"职业教育国家规划教材　全国高职高专院校机电类专业规划教材

ISBN 978-7-113-18895-5

Ⅰ. ①自…　Ⅱ. ①吴…　Ⅲ. ①电气控制－高等职业教育－教材　②plc 技术－高等职业教育－教材　Ⅳ. ①TM571.2 ②TM571.6

中国版本图书馆 CIP 数据核字（2014）第 146716 号

书　　名：电气控制与 PLC 应用
作　　者：吴春诚　主编

策　　划：祁　云　　　　　　　　读者热线：400-668-0820
责任编辑：祁　云　彭立辉
封面设计：付　巍
封面制作：白　雪
责任校对：汤淑梅
责任印制：李　佳

出版发行：中国铁道出版社（100054，北京市西城区右安门西街 8 号）
网　　址：http://www.51eds.com
印　　刷：三河市兴达印务有限公司
版　　次：2014 年 8 月第 1 版　　2014 年 8 月第 1 次印刷
开　　本：787 mm×1 092 mm　1/16　印张：11.25　字数：273 千
印　　数：1～3 000
书　　号：ISBN 978-7-113-18895-5
定　　价：25.00 元

版权所有　侵权必究

凡购买铁道版图书，如有印制质量问题，请与本社教材图书营销部联系调换。电话：(010) 63550836

打击盗版举报电话：(010) 51873659

全国高职高专院校机电类专业规划教材

编审委员会

主　任：吕景泉

副主任：严晓舟　史丽萍

委　员：（按姓氏笔画排序）

王文义	刘建超	李向东	肖方晨	狄建雄
汪敏生	宋淑海	张　耀	陈铁牛	明立军
胡学同	钟江生	秦绪好	钱逸秋	凌艺春
常晓玲	梁荣新	程　周	谭有广	

王　立	王龙义	王建明	牛云陞	朱凤芝
刘薇娥	汤晓华	关　健	牟志华	李　文
李　军	张文明	张永花	陆建国	陈　丽
林　嵩	金卫国	宝爱群	祝瑞花	姚　吉
姚永刚	秦益霖	徐国林	韩　丽	曾照香

随着我国高等职业教育改革的不断深化发展，我国高等职业教育改革和发展进入一个新阶段。教育部下发的《关于全面提高高等职业教育教学质量的若干意见》教高[2006]16号文件，旨在进一步适应经济和社会发展对高素质技能型人才的需求，推进高职人才培养模式改革，提高人才培养质量。

教材建设工作是整个高等职业院校教育教学工作中的重要组成部分，教材是课程内容和课程体系的载体，对课程改革和建设既有龙头作用，又有推动作用，所以提高课程教学水平和质量的关键在于建设高水平、高质量的教材。

出版面向高等职业教育的"以就业为导向，以能力为本位"的优质教材一直以来就是中国铁道出版社优先开发的领域。我社本着"依靠专家、研究先行、服务为本、打造精品"的出版理念，于2007年成立了"中国铁道出版社高职机电类课程建设研究组"，并经过多年的充分调查研究，策划编写、出版本系列教材。

本系列教材主要涵盖高职高专机电类的公共平台课和6个专业及相关课程，即电气自动化专业、机电一体化专业、生产过程自动化专业、数控技术专业、模具设计与制造专业以及数控设备应用与维护专业，既自成体系又具有相对独立性。本系列教材在研发过程当中邀请了高职高专自动化教指委专家、国家级教学名师、精品课负责人、知名专家教授、学术带头人及骨干教师。他们针对相关专业的课程设置融合了多年教学中的实践经验，同时吸取了高等职业教育改革的成果，无论从教学理念的导向、教学标准的开发、教学体系的确立、教材内容的筛选、教材结构的设计，还是教材素材的选择都极具特色。

归纳而言，本系列教材体现如下几点编写思想：

（1）围绕培养学生的职业技能这条主线设计教材的结构，理论联系实际，从应用的角度组织内容，突出实用性，并同时注意将新技术、新工艺等内容纳入教材。

（2）遵循高等职业院校学生的认知规律和学习特点，对于基本理论和方法的讲述力求简单，易于理解，多用图表来表达信息，以解决日益庞大的知识内容与学时偏少之间的矛盾。同时，增加相关技术在实际生产生活中的应用实例，引导学生主动学习。

（3）将"问题引导式""案例式""任务驱动式""项目驱动式"等多种教学方法引入教材体例的设计中，融入启发式教学方法，力求好教、好学、爱学。

（4）注重立体化教材的建设。本系列教材通过主教材、配套素材光盘、电子教案等教学资源的有机结合，提高教学服务水平。

总之，在本系列教材的策划出版过程中得到了教育部高职高专自动化技术类专业教学指导委员会委员以及广大专家的指导和帮助，在此表示深深的感谢。希望本系列教材的出版能为我国高等职业院校教育改革起到良好的推动作用，欢迎使用本系列教材的老师和学生提出意见和建议，书中如有不妥之处，敬请批评指正。

中国铁道出版社

2013 年 11 月

　　"电气控制与 PLC 应用"是高等职业教育电类、机电类、数控类专业的核心课程，也是培养高职学生维修电工工程实践能力和创新能力的一门重要课程。编者根据教育部关于高等职业教育的要求及近几年高等职业院校人才培养水平评估的内涵要求，策划、安排了本书的编写内容。

　　针对高等职业教育的特点及培养高素质应用型专业人才的需求，本书采用项目化课程的编写方式，以任务驱动的形式强化技能型、实用性的课程理念，突出了对学生的知识、技能及素质的培养，使学生在有限的学时内获得必要的知识和能力。

　　全书分为 5 个项目（19 个任务）：项目一，介绍三相异步电动机传统控制基本知识和基本技能；项目二和项目三以三菱 FX 系列小型 PLC 为例，介绍 PLC 的基本知识、基本指令及其应用；项目四和项目五，介绍 PLC 功能指令及综合应用。所有任务均来源于实际，针对每个工作任务均有自主练习，用于提高学生自主学习的能力和加强技能训练。

　　本书由吴春诚任主编，谢美芬、黄华圣、陈忠海任副主编。编写分工：吴春诚编写项目一；黄华圣编写项目二；陈忠海编写项目三；谢美芬编写项目四（艾光波编写其中的任务三）、项目五；程城远、白若琦绘制了本书的插图并编写了自主练习。

　　在本书编写过程中，浙江天煌科技实业有限公司的黄华圣董事长、艾光波工程师提供了大量应用实例并编写了部分章节，中国正泰集团的王书成副总裁、天正集团的李芃总工程师、亚龙科技集团的杨松林总工程师提出了许多中肯的意见和建议并提供了部分应用实例。编者在本书编写过程中参阅了大量同类教材、网站资料和相关产品说明书，在此对这些资料的作者及厂商一并致谢！

　　由于时间仓促，编者水平有限，书中难免存在疏漏与不足之处，欢迎广大读者批评指正。

编　者

2014 年 4 月

➡ 三相异步电动机传统控制

该项目是工厂电气控制技术的基础。通过该项目的学习，掌握常用低压电器的基础知识、三相异步电动机的控制方法，学会分析和设计电气控制系统。

教学目的

（1）认识传统的继电－接触器控制方法。
（2）掌握常用低压电器的工作原理、作用和符号。
（3）掌握绘制电气控制线路图的基本原则和标准。
（4）了解低压电器元件的选择和电气控制系统的设计。
（5）掌握典型机床控制电路的分析方法。

教学内容

（1）常用低压电器的基本知识。
（2）电气控制线路的基本控制环节分析。
（3）典型机床控制电路的分析和设计方法。

教学重点

（1）常用低压电器的结构和工作原理。
（2）电气控制线路的基本控制环节。
（3）机床控制电路的分析方法。
（4）阅读和分析电气控制原理图的基本方法和步骤。

教学难点

（1）低压电器的选用。
（2）电气控制线路的基本环节分析。
（3）机床控制电路的分析方法。

任务一　三相异步电动机的单向启停控制

一、工作任务

工厂电气控制技术主要用于对生产机械的控制。生产机械一般分为原动机、传动机构、执行机构和以电气为主的自动控制系统，其中的原动机采用最多的是三相异步电动机。三相异步电动机的单向起停控制作为本书的第一个工作任务，其控制要求和电动机参数如下：

1. 控制要求

设计电气控制原理图，通过一个启动按钮和一个停止按钮实现电动机的启动、停止控制并设置适当的保护。

2. 技术参数

电动机参数：Y2-132M-4型，7.5 kW，380 V，15.4 A，1 440 r/min。

二、相关知识

（一）低压电器的基本知识

1. 低压电器的基本概念

对电能的产生、输送、分配和应用起控制、保护、检测、变换与切换及调节作用的电气器具，通称为电器。工作在额定电压交流1 200 V、直流1 500 V及以下的各种电器，称为低压电器。正确地设计、选择和使用低压电器，对电气设备的正确使用和安全运行是至关重要的。

2. 低压电器的分类

低压电器的种类繁多，其结构和工作原理各异，分类方法也很多。常用的分类方式主要有以下几种：

（1）按用途和控制对象可分为控制电器和配电电器。

（2）按操作方式可分为自动电器和手动电器。

（3）按工作原理可分为电磁式电器和非电量控制电器。

（4）按有无触点可分为有触点电器和无触点电器。

3. 主要技术指标

为保证电器设备安全可靠地工作，国家对低压电器的设计、制造规定了严格的标准。低压电器的主要技术指标有：额定电压、额定电流、绝缘强度、耐潮湿性能、极限允许温度、操作频率和寿命等。其中，电器的寿命包括电寿命和机械寿命。电寿命指电器元件的触点在规定的正常工作条件下，需要维修或更换机构零件前，操作规定负荷电流的总次数。机械寿命指电器元件在需要维修或更换机构零件前所能承受的无载操作总次数。

4. 电磁式低压电器的基本结构

在常用的低压电器中，电磁式电器是结构较复杂、应用较多的自动控制电器。电磁式电器的基本结构由触点系统和电磁机构组成，根据它们的作用，此两部分又称为电磁式电器的执行部分和感测部分。

（1）电磁机构：电磁式继电器和接触器的主要组成部件，由吸引线圈（励磁线圈）和磁路两部分组成，磁路包括静铁心、动铁心和空气隙。其工作原理是，吸引线圈中通以一定的电压或电流，产生克服弹簧反作用力的电磁吸力，由连接机构带动相应的触点动作，完成通断电路的控制作用。

吸引线圈按其通电种类，可分为交流电磁线圈和直流电磁线圈。对于交流电磁线圈，为减小涡流和磁滞损耗及其产生的温升，铁心用硅钢片叠成。对于直流电磁线圈，铁心用整块电工软铁做成。

常用电磁机构的形式如图1-1-1所示。

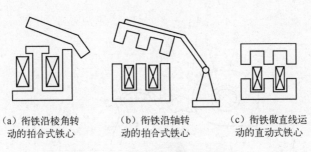

（a）衔铁沿棱角转   （b）衔铁沿轴转   （c）衔铁做直线运
动的拍合式铁心   动的拍合式铁心   动的直动式铁心

图 1-1-1　常用电磁机构的形式

（2）触点系统：触点是电器的执行部分，起接通、分断电路的作用。触点在闭合状态下，动、静触点之间存在接触电阻。根据电器控制电路的容量大小、触点的结构及所用材料的不同，常用的触点接触形式有点接触、线接触和面接触 3 种，如图 1-1-2 所示。

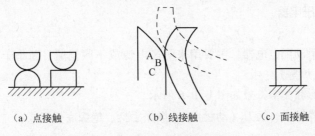

（a）点接触   （b）线接触   （c）面接触

图 1-1-2　触点的接触形式

（3）电弧和灭弧方法：触点由闭合变为断开状态的瞬间（即动、静触点分离时），如果电路的电压或电流超过某一数值，触点间气体在强电场作用下产生气体放电即电弧。

对于需要通断大电流的电器，要有较完善的灭弧装置。常用的灭弧方法主要有以下几种：

① 电动力吹弧：图 1-1-3 所示的桥式结构双断口触点，流过触点两端的电流方向相反，将产生互相排斥的电动力，从而使电弧向外运动并拉长，加快电弧的冷却并熄灭。

② 栅片灭弧：图 1-1-4 为栅片灭弧示意图。当触点分断电路时，多片绝缘的灭弧栅将拉入灭弧罩的电弧分割成数段串联的短弧，从而使电弧迅速熄灭。

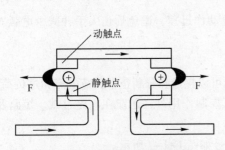

图 1-1-3　桥式触点灭弧原理

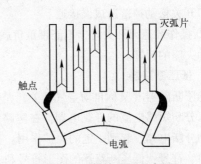

图 1-1-4　栅片灭弧示意图

③ 磁吹灭弧：磁吹灭弧装置的结构如图 1-1-5 所示。磁吹灭弧方法是利用电弧在磁场中受力，将电弧拉长，并使电弧在冷却的灭弧罩窄缝中运动，产生强烈的消电离作用，从而将电弧熄灭。

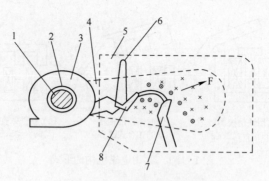

图 1-1-5　磁吹式灭弧装置

1—铁心；2—绝缘管；3—吹弧线圈；4—导磁颊片；

5—灭弧罩；6—引弧角；7—动触点；8—静触点

（二）相关低压电器

1. 刀开关

刀开关是一种手动配电电器，主要用来隔离电源或不频繁通、断小于其额定电流的负载（如小型电动机、电炉等）。

（1）符号：图形和文字符号如图 1-1-6 所示。

（2）组成：由静触点、触刀（动触点）、操作手柄、绝缘底板组成。

（3）典型结构：

① 普通刀开关（不带熔断器）：主要用于不频繁地手动接通、断开小容量电路或隔离电源。

② 负荷开关：比主要起隔离作用的刀开关灭电弧能力强，可用于不频繁带正常负荷切换电路。但其灭电弧能力比断路器弱，不能用于切换短路等较大的电流。为了起到短路保护的作用，常配有熔断器。

常见的负荷开关主要有两种：即开启式负荷开关和封闭式负荷开关。

（4）安装与使用：

① 胶盖刀开关必须垂直安装在控制柜或开关板上，不能倒装，即分断状态时手柄朝下，避免刀开关松动掉落造成误接通。

② 操作胶盖刀开关时，不能带重负载，且要动作迅速，避免灼伤人手并减少电弧对动触点和静夹座的损坏。

2. 低压断路器

低压断路器（又称自动空气开关）是一种既可以接通和分断正常负荷电流和过负荷电流，又可以分断短路电流的开关电器。在电路中除了控制作用外，还能在电路过载、短路及失压时自动分断电路，起到一定的保护作用。

（1）符号：低压断路器的图形符号和文字符号如图 1-1-7 所示。

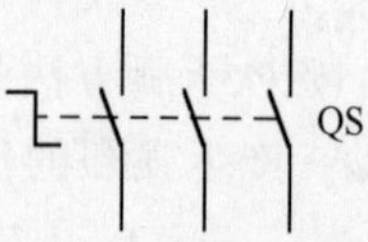

图 1-1-6　刀开关图形和文字符号 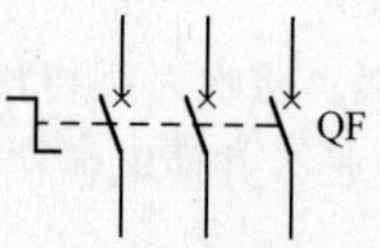　　　　　　图 1-1-7　图形和文字符号

（2）特点：低压断路器具有操作安全、分断能力较强等特点，同时具有瞬时过载、长期过载、失压保护等作用。

（3）分类：框架式（万能式）和塑壳式（装置式）。

（4）结构：低压断路器主要由触点系统、灭弧装置、脱扣机构、传动机构等组成。其中，脱扣机构又有热脱扣器、欠压脱扣器、分励脱扣器、过电流脱扣器等组成，各脱扣器分别起到长期过载保护（热保护）、欠压保护、远距离控制、瞬时过电载保护（短路）等作用。

（5）主要技术参数：

① 额定电压：额定工作电压、额定绝缘电压、额定脉冲电压。

② 额定电流：过电流脱扣器的额定电流。

另外，低压断路器还有通断能力和分断时间的要求，其结构图如图1-1-8所示。

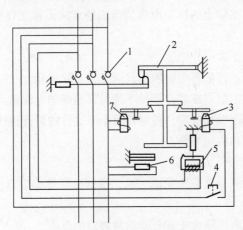

图1-1-8　低压断路器的结构图

1—主触点；2—自由脱口机构；3—热脱口器；4—启动按钮；

5—欠压脱口器；6—分励脱口器；7—过电流脱口器；

3. 接触器

接触器是用来频繁通断交直流主回路和大容量控制电路的低压控制电器，按其线圈的供电电源性质可分为直流接触器和交流接触器，其图形和文字符号如图1-1-9所示。

图1-1-9　接触器图形和文字符号

（1）交流接触器：

① 结构：主要由以下三部分组成。

● 触点系统：接触器的执行部分，包括主触点和辅助触点，采用双断点桥式触点结构，一般有三对常开主触点。

● 电磁系统：包括动铁心、静铁心、吸引线圈和反作用弹簧，是接触器的重要组成部分，依靠它带动触点实现闭合和断开。

- 灭弧系统：包括灭弧罩及灭弧栅片，用来保证触点在断开电路时，所产生的电弧能可靠地熄灭。

② 工作原理：当吸引线圈两端加上额定电压时，动、静铁心间产生大于反作用弹簧弹力的电磁吸力，动、静铁心吸合，带动动铁心上的触点动作，即常闭触点断开，常开触点闭合；当吸引线圈端电压消失后，电磁吸力消失，触点在反弹力作用下恢复常态。

（2）直流接触器：

① 用途：远距离通断直流电路或控制直流电动机的频繁起停。

② 结构：电磁机构、触点系统和灭弧装置。

③ 工作原理：与交流接触器基本相同。

（3）接触器的主要技术指标：

① 额定电压：接触器铭牌上的额定电压是指主触点的正常工作电压，也就是主触点所在电路的电源电压。

② 额定电流：主触点正常工作电流。

③ 吸引线圈额定电压：接触器电磁吸引线圈正常工作电压。

④ 通断能力：接触器主触点在规定条件下能可靠通断的电流值。

⑤ 交直流接触器的额定操作频率：接触器每小时允许的最高操作次数。

⑥ 寿命：包括电寿命和机械寿命。

（4）接触器的选择：

① 接触器的使用类别应与负载性质相一致，控制交流负载应选用交流接触器，控制直流负载则选用直流接触器。

② 主触点的额定工作电压应大于或等于负载电路的电压。

③ 主触点的额定工作电流应大于或等于负载电路的电流。

需要注意，接触器主触点的额定工作电流是在规定条件下（额定工作电压、使用类别、操作频率等）能够正常工作的电流值，当实际使用条件不同时，这个电流值也将随之改变。

④ 吸引线圈的额定电压应与控制回路电压相一致，接触器在线圈额定电压85%及以上时应能可靠地吸合。

⑤ 主触点和辅助触点的数量应能满足控制系统的需要。

4. 热继电器

热继电器是利用电流通过发热元件产生热量使检测元件受热弯曲，进而推动机构动作的一种保护电器，其图形和文字符号如图1-1-10所示。

| 感测部分 | 常开触点 | 常闭触点 | 文字符号 |

图1-1-10 热继电器的图形和文字符号

（1）作用：热继电器主要是通过检测电动机三相定子绕组的电流，间接反映电动机内部发热情况，从而对电动机起到长期过载保护（又称热保护）的作用。

（2）结构：热继电器主要由发热元件、检测元件、触点及动作机构等组成。其感测部分

（发热元件和检测元件）常用的形式有以下几种：

① 双金属片式：利用双金属片受热弯曲去推动杠杆使触点动作。

② 热敏电阻式：利用电阻值随温度变化而变化的特性制成的热继电器。

③ 易熔合金式：利用过载电流发热使易熔合金达到某一温度值时，合金熔化而使继电器动作。

在电力拖动控制系统中应用最广的是双金属片式热继电器。

（3）热继电器的使用与选择：

热继电器的选择应满足：$I_{eR} \geq I_{ed}$

其中，I_{eR}是热继电器热元件的额定电流；I_{ed}是电动机的额定电流。

5. 熔断器

熔断器是一种结构简单、价格低廉、使用极为普遍的保护电器，在低压配电系统和用电设备中主要起短路（瞬时过载）保护作用，其图形符号和文字符号如图1-1-11所示。

（1）组成：熔断器主要由熔壳（或熔座）、熔体、填料及导电元件等部分组成。

（2）工作原理：熔断器是根据电流的热效应原理工作的，使用时串联在被保护线路中，当线路发生瞬时过载或短路时，通过熔断器的电流在熔体上产生的热量使熔体本身熔化而切断电路，从而起到保护电路和设备的作用。

FU

图形符号　　文字符号

图1-1-11　熔断器的图形和文字符号

（3）主要参数：

① 熔断器的额定电流I_{ge}表示熔断器的规格。

② 熔体的额定电流I_{Te}表示熔体在正常工作时不熔断的工作电流。

③ 熔体的熔断电流I_b表示使熔体开始熔断的电流，$I_b > (1.3 \sim 2.1)I_{Te}$。

④ 熔断器的断流能力I_d表示熔断器所能切断的最大电流，熔断器的断流能力也称为熔断器的极限分断能力。如果线路电流大于熔断器的断流能力，熔体熔断时电弧不能熄灭，可能引起爆炸或其他事故。

低压熔断器的几个主要参数之间的关系为：$I_d > I_b > I_{ge} \geq I_{Te}$。

（4）熔断器的选型：主要是选择熔断器的形式、额定电流、额定电压及熔体额定电流，熔体额定电流的选择是熔断器选择的核心。对于具有冲击电流的负载，熔体额定电流选择的经验公式主要有以下几种：

① 绕线式电动机$I_{Te} \geq (1 \sim 1.25)I_N$。

② 笼形电动机$I_{Te} \geq (1.5 \sim 2.5)I_N$。

③ 启动时间较长的某些笼形电动机$I_{Te} \geq 3I_N$。

④ 连续工作制直流电动机$I_{Te} = I_N$。

⑤ 反复短时工作制直流电动机$I_{Te} = 1.25I_N$。

⑥ 多台电动机$I_{Te} \geq (1.5 \sim 2.5)I_N max + \sum I_N$。

其中，I_{Te}为熔体的额定电流；I_N为电动机额定电流；$I_{N max}$为多台电动机中容量最大电动机的额定电流；$\sum I_N$为多台电动机中其他电动机的额定电流之和。

6. 按钮

按钮开关简称按钮，是一种应用十分广泛的主令电器，在电气控制电路中用于手动发出控制信号，以控制接触器、继电器、电磁启动器等具有电磁线圈的电器，以及在控制电路中发布指令和执行电气联锁。按钮的结构及符号如图1-1-12所示。

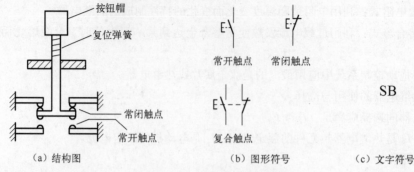

（a）结构图　　　　　　　　　（b）图形符号　　　　（c）文字符号

图1-1-12　按钮的结构及符号

按钮的结构种类很多，按照其结构形式可分为开启式（K）、保护式（H）、防水式（S）、防腐式（F）、紧急式（J）、钥匙式（Y）、旋钮式（X）和带指示灯（D）式等。

按钮的选用原则：

（1）根据使用场合，选择控制按钮的种类，如开启式、防水式、防腐式。

（2）根据用途，选用合适的形式，如钥匙式、紧急式、带灯式。

（3）按控制回路的需要，确定不同的按钮数，如单钮、双钮、三钮、多钮等。

（4）按工作状态指示和工作情况的要求，选择按钮及指示灯的颜色。

（三）三相异步电动机常用单向控制电路

早期的生产机械，简单地采用刀开关直接控制电动机的起停。随着时间的推移，生产机械需要的功率越来越大、自动化程度要求越来越高，电动机的控制也越来越复杂。

从实际的工作要求来看，生产机械有短时运行与长期连续运行两种工作情况，所以对其拖动电动机的控制也有点动和连续运行两种控制方式。

1. 单向点动控制电路

点动控制是用按钮、接触器来控制电动机单向运转的最简单控制线路，在实际中主要用于生产设备的调整（如机床的刀架、横梁、立柱的快速移动、机床的调整对刀等）。

（1）电气原理如图1-1-13所示。

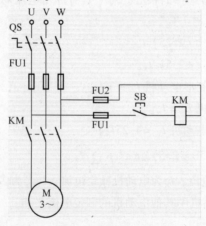

图1-1-13　点动控制电气原理图

（2）原理分析：

① 启动：按下启动按钮 SB→接触器 KM 线圈得电→KM 主触点闭合→电动机 M 启动运行。

② 停止：松开按钮 SB→KM 线圈失电→KM 主触点断开→M 失电停转。

（3）保护：

① 停止使用时，刀开关 QS 断开电源。

② 熔断器 FU1 和 FU2 分别对主电路和控制电路起瞬时过载（短路）保护作用。

2. 单向长动控制电路

采用按钮与接触器控制的三相笼形异步电动机单向运转控制线路如图 1-1-14 所示，因其可以实现电动机的长时间连续工作，又称为长动控制。

电路分为两部分，主电路由刀开关 QS、熔断器 FU1、接触器 KM 的主触点、热继电器 FR 的热元件以及电动机组成；控制电路由熔断器 FU2、FR 的常闭触点、停车按钮 SB1、启动按钮 SB2、KM 的常开辅助触点、KM 的线圈组成。

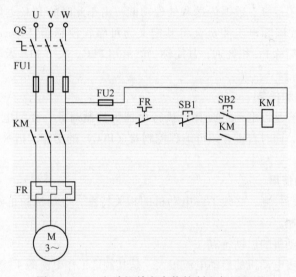

图 1-1-14　电动机单向启停控制电气原理图

（1）启动过程分析：按下启动按钮 SB2，接触器 KM 线圈得电，KM 由常态变为受激动作状态，即辅助常开触点、主触点闭合，电动机全压直接启动；当松开 SB2，其常开触点恢复分断后，因为 KM 的常开辅助触点闭合时已将 SB1 短接，控制电路仍保持接通，所以 KM 的线圈继续得电，电动机 M 实现连续运转。像这种当松开 SB2 后，KM 通过自身常开触点而使其线圈保持得电的基本环节称为自锁（或自保）环节。与 SB2 并联起自锁作用的常开触点称为自锁触点（又称自保触点），其作用不仅是保证松开按钮后电动机可以长时间运行，而且可以起到失压（零压）和严重欠压的保护作用。

（2）停车过程分析：按下停车按钮 SB1，KM 线圈失电，KM 自锁触点、主触点分断，松开 SB1 其常闭触点恢复闭合后，因 KM 的自锁触点在切断控制电路时已分断，解除了自锁，SB1 也是分断的，所以 KM 不能得电，电动机 M 可靠停车。

（四）拓展知识

1. 电气控制技术的发展历程

自 20 世纪 20 年代起，人们用导线把各种继电器、定时器、接触器按一定的逻辑关系连接起来组成控制系统，控制各种生产机械，这就是大家所熟悉的传统继电接触控制。由于它结构简单、容易掌握、价格低廉，在一定范围内可以满足控制要求，因而使用面甚广，在工业控制领域中曾占主导地位。但继电接触控制也存在明显的缺陷，如设备体积大、动作速度慢、功能少、只能做简单的控制，特别是由于它是靠硬连线逻辑构成系统，接线复杂，当生产工艺或对象改变时，原有的接线和控制盘（柜）就要改接或更换，通用性和灵活性较差。

20世纪60年代，由于小型计算机的出现和大规模生产及多机群控的发展，人们曾试图用小型计算机来实现工业控制的要求，但由于价格高、输入/输出电路不匹配和编程技术复杂等原因，未能得到推广应用。

20世纪60年代末，一种新型工业控制器——可编程逻辑控制器（Programmable Logic Controller，PLC）问世。PLC出现初期，只是用来取代继电－接触控制，功能仅限于执行逻辑控制、计时、计数等。随着微电子技术的发展，20世纪70年代中期出现了微处理器和微型计算机，人们将微机技术应用到PLC中，使它更多地发挥了计算机的功能，不但用逻辑编程取代硬接线逻辑，还增加了运算、数据传送和处理功能。由于此时的PLC远远超出了逻辑控制的范畴，20世纪80年代国际电工委员会将其定义为可编程控制器（Programmable Controller），为了和个人计算机的简称PC相区别，其简称仍然沿用PLC。关于PLC及其应用本书后续内容有详细阐述。

2. 本课程的内容和任务

本课程的主要内容是以电动机或其他执行电器为控制对象，介绍电气控制的基本原理、控制线路及设计方法，同时着重介绍可编程控制器（PLC）的功能、指令系统、编程方法和应用技术。

3. 电动机的正确使用

若要对电动机进行控制，必须了解电动机的相关特性。电动机的正确使用可参看其他参考资料，在此不再赘述。

三相交流异步电动机的启动特点：

（1）三相交流异步电动机的启动电流很大，是其额定工作电流的4～7倍。

（2）三相交流异步电动机的启动转矩很小。

（3）三相交流异步电动机启动时的功率因数很低。

三、任务实施

根据任务要求，选用如图1-1-14所示的控制电路。

1. 元件选择

（1）电源开关选用刀开关QS。根据工作电流，并保证留有足够的余量，可选用HK8－32/3型。

（2）熔断器FU1用于电动机及其主电路的短路保护，熔体电流按$I_{Te}=(1.5～2.5)I_N$选择，选RL1－30型熔断器，配20 A的熔体。FU2用于控制回路的短路保护，选RL1－15型熔断器，配2 A的熔体。

（3）热继电器FR用于电动机的长期过载保护，选JR20－16L（14～18）型热继电器，热元件电流可调至16 A。

（4）接触器用于电动机及其主电路的控制，根据电动机的额定电流情况，选用CJ20－25

型交流接触器，线圈额定电压选 380 V。

（5）按钮选择—般式按钮 LAY3 – 11 型。

2. 任务实训

依据"任务实施"的设计，选择所需要的低压电器，在电工实训台上完成电动机的启动和停止控制。

注意：

（1）用电安全。

（2）仔细检查接线，确认电路接线无误后方可投入运行。

3. 检查与评估

（1）检查元器件的选择是否正确。

（2）检查控制线路的接线是否合理安全。

（3）如果电动机改为 15 kW，电路如何设计。

（4）完成任务中的控制要求，是否还有其他的方法。

四、自主练习

（1）既能点动调整又可长动控制电路。绘制主电路和控制电路，控制要求：

（2）电动机参数：Y2 – 132M – 4 型，7.5 kW、380 V、15.4 A、1 440 r/min。

（3）电路控制功能满足题目要求。

（4）要有适当的保护环节。

（5）请分析长动和点动控制电路的区别，以及点动控制电路中为什么没有使用热继电器。

任务二　电动机的正反转控制

一、工作任务

在生产机械中，除了电动机的单向运动控制外，往往还要求电动机的可逆运行控制，如机床工作台运动方向的改变、起重设备的上升或下降、龙门刨的自动往复运动控制等。本任务要求实现单台电动机的正反转控制，其具体技术参数和控制要求如下：

1. 技术参数

电动机参数：Y2 – 132M – 4 型，7.5 kW、380 V、15.4 A、1 440 r/min。

2. 控制要求

利用转换开关实现电动机的正反转控制，利用 2 个按钮实现电动机的启动和停车，同时要有必要的保护。

二、相关知识

（一）相关低压电器

1. 转换开关

转换开关是用于低压断路操作机构的合闸与分闸控制、各种控制线路的转换、电压和电流表的换相测量控制、配电装置线路的转换等作用的一种多挡式、控制多回路的主令电器。

目前，常用的转换开关类型主要有两大类：万能转换开关和组合开关。两者的结构和工作原理基本相似，在某些应用场合可以互相替代。转换开关具有结构紧凑、安装面积小、操作方便等特点。

下面以图1-2-1所示转换开关为例，介绍其结构和触点动作关系。

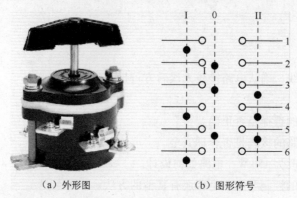

（a）外形图　　　　　　　（b）图形符号

图1-2-1　转换开关结构及符号

（1）结构：静触点一端固定在转换开关内，另一端伸出转换开关外，与电源或负载相连。动触片套在绝缘方杆上，绝缘方轴每次做一定角度的正方向或反方向转动，带动静触点通断。

（2）触点动作关系：

① 纵向虚线表示手柄位置，图中有3个位置Ⅰ、0、Ⅱ。

② 横向圆圈表示触点对数，图中有6对触点。

③ 纵横交叉处黑圆点为手柄在此位置对应的触点接通。

④ 各位置触点接通情况分别为：Ⅰ位1、4、6触点通，0位2、3、5触点通，Ⅱ位3、4、5触点通。

有些转换开关由于触点较多，用图1-2-1（b）的形式很难标示清楚，因此在生产实际中也经常用表格来标示，图1-2-1（b）的触点动作关系如表1-2-1所示（×表示接通）。

表1-2-1　转换开关触点表

位置 ＼ 触点	1	2	3	4	5	6
Ⅰ	×	—	—	×	—	×
0	—	×	×	—	×	—
Ⅱ	—	—	×	×	×	—

2. 行程开关

行程开关又称限位开关，是一种利用生产机械控制运动的部件碰撞来发出控制指令的主令电器，其图形符号和文字符号如图1-2-2所示。

常开触点　　　　常闭触点　　　　文字符号

图1-2-2　行程开关的图形符号和文字符号

（1）作用：将机械位移（或位置）转变为电信号，使电动机运行状态发生改变，即按一定行程自动停车、反转、变速或循环，从而控制机械运动或实现安全保护。

（2）组成：行程开关主要由操作头、传动系统、触点系统和外壳等组成。

（二）三相异步电动机常用正反转控制电路

将三相异步电动机供电电源任意两相对调，改变通入三相定子绕组电流的相序，可以改变电动机旋转磁场的转向，从而改变电动机转子的转动方向。

1. 利用转换开关实现电动机正反转控制

用转换开关实现电动机的可逆运转控制电路如图1-2-3所示。图中转换开关 SA 有 4 对触点、3 个工作位置，当 SA 置于上、下不同位置时，通过其触点改变三相电源的相序，从而改变电动机的旋转方向。本控制电路是利用转换开关 SA 预选电动机的旋转方向，然后再由接触器 KM 控制电动机的启动与停止。由于采用接触器控制电动机，故具有长动控制相关的保护。

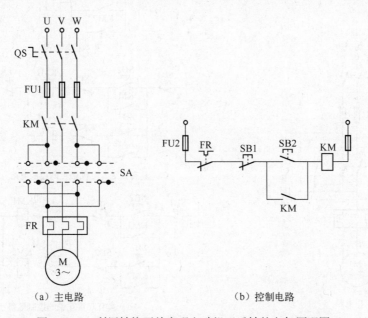

（a）主电路　　　　　　　　（b）控制电路

图1-2-3　利用转换开关实现电动机正反转的电气原理图

2. 利用接触器实现电动机正反转控制

利用接触器实现三相异步电动机正反转控制的电气原理图如图1-2-4所示。其原理分析如下：

（1）主电路：如图1-2-4（a）所示，主电路由隔离开关、熔断器、两个接触器的主触点、热继电器的感测部分、三相笼形异步电动机组成。

（2）基本的控制电路：图1-2-4（b）所示电路通过控制两个接触器实现电动机的正反转，但该电路由于操作失误或其中一个接触器主触点焊接不能打开，均可造成主电路三相电源的相间短路，因此该电路不能实际应用。

（3）带互锁保护的控制电路：

① 原理分析：为了保证一个接触器得电动作时，另一个接触器不能得电动作，以避免电源的相间短路，在正转控制电路中串接了反转接触器 KM2 的常闭辅助触点，而在反

转控制电路中串接了正转接触器 KM1 的常闭辅助触点。当 KM1 得电动作时，串在反转控制电路中的 KM1 的常闭触点分断，切断了反转控制电路，保证了 KM1 主触点闭合时（KM1 的常闭辅助触点断开），KM2 的线圈不能得电，其主触点不能闭合。同样，当 KM2 得电动作时，KM2 的常闭触点分断，切断了正转控制电路，可靠地避免了电源相间短路事故的发生。

② 联锁的概念：在一个接触器得电动作时，通过其辅助触点控制其他接触器或控制电路的作用称为联锁。在图 1-2-4（b）中接触器 KM1、KM2 实现了互相之间的联锁，该环节又称互锁。实现联锁（或互锁）作用的触点称为联锁触点（或互锁触点）。

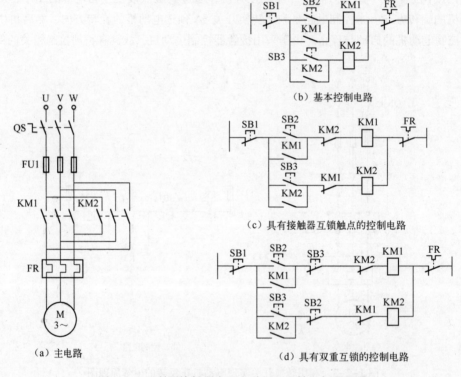

图 1-2-4　利用接触器实现电动机正反转电气原理图

（4）带有双重互锁的控制电路：图 1-2-4（c）所示的电路中接触器的互锁只能起到保护作用，如果想操作方便，可以通过按钮常闭触点的互锁来实现。如图 1-2-4（d）所示，其控制电路中具有接触器的互锁和按钮常闭触点的互锁，此环节又称双重互锁。

（三）拓展知识

1. 接近开关

（1）原理：非接触式的检测装置，当运动的物体接近它到一定距离时，它就能发出信号，从而进行相应的操作。

（2）分类：高频振荡型、霍尔效应型、电容型、超声波型等。

（3）参数：动作距离、重复精度、操作频率及复位行程等。

2. 光电开关

（1）原理：通过光的发射和接收实现非接触式位置检测装置。

（2）分类：对射式和反射式。

3. 工作循环自动控制

（1）工作台的正反向自动循环控制：某些机床的工作台要求正、反向运动自动循环，许多机床的自动循环控制都是靠限位控制来完成的。

（2）动力头的自动循环控制：由限位开关按行程来实现动力头的往复运动。

三、任务实施

根据任务要求，选用图 1-2-3 所示的控制电路。

1. 元件选择

（1）电源开关选用刀开关 QS。根据工作电流，并保证留有足够的余量，可选用 HK8-32/3 型，熔丝选择 20 A。

（2）熔断器 FU1 用于电动机及其主电路的瞬时过载（短路）保护，熔体电流按 $I_R = (1.5 \sim 2.5)I_N$ 选择，选 RL1-30 型熔断器，配 20 A 的熔体。FU2 用于控制回路的瞬时过载（短路）保护，选 RL1-15 型熔断器，配 2 A 的熔体。

（3）热继电器 FR 用于电动机的长期过载保护，选 JR20-16L（14 ~ 18）型热继电器，热元件电流可调至 16 A。

（4）接触器 KM 用于电动机及其主电路的控制，根据电动机的额定电流情况，选用 CJ20-25 型交流接触器，线圈电压为 380 V。

（5）启动按钮 SB1 和停车按钮 SB2 选择一般式按钮 LAY3-11 型。

（6）转换开关 SA 选择 HY3-30A 型。

2. 任务实训

依据"任务实施"的设计，选择所需要的低压电器，在电工实训台上完成电动机的启动和停止控制。

注意：

（1）用电安全。

（2）仔细检查接线，确认电路接线无误后方可投入运行。

3. 检查与评估

（1）检查元器件的选择是否正确。

（2）控制线路的接线是否合理安全。

（3）如果电动机改为 15 kW，电路如何设计。

（4）完成任务中的控制要求，是否还有其他的方法。

四、自主练习

利用行程开关实现正反转自动循环控制电路，其电气原理图如图 1-2-5 所示。

1. 控制操作

按下正向启动按钮 SB2，接触器 KM1 得电动作并自锁，电动机正转使工作台前进。

运行到 SQ2 位置，撞块压下 SQ2，SQ2 动断触点断开使 KM1 失电，SQ2 的动合触点使 KM2 得电动作并自锁，电动机反转使工作台后退。

工作台运动到右端点，撞块压下 SQ1 时，KM2 失电，KM1 又得电动作，电动机又正转使工作台前进，这样一直循环。

项目一 三相异步电动机传统控制

SB1 为停止按钮。SB2 与 SB3 为不同方向的复合启动按钮，改变工作台方向时，不按停止按钮可直接操作。

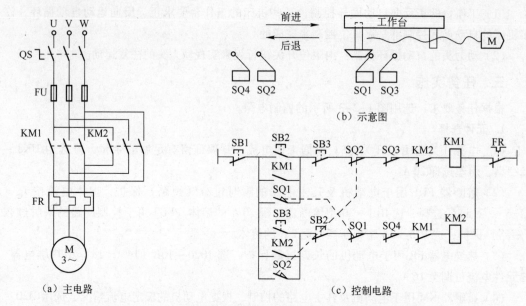

图 1-2-5　利用行程开关实现正反转自动循环控制电气原理图

2. 限位开关 ST3、ST4 限位保护作用

SQ3 与 SQ4 安装在极限位置，由于某种原因使得工作台到达 SQ1（或 SQ2）位置未能切断 KM1（或 KM2）时，工作台将继续移动到极限位置，压下 SQ3（或 SQ4），此时最终把控制回路断开，使电动机停车，避免工作台由于越出允许位置而导致事故。

任务三　电动机降压启动控制

一、工作任务

三相异步电动机直接启动是一种简单、可靠、经济的启动方式，但直接启动存在着电动机启动电流大、启动转矩小的缺陷。当生产机械的电动机容量较大时，其过大的启动电流一方面会造成电网电压显著下降，直接影响同一电网下其他设备的正常工作；另一方面电动机的频繁启动会严重发热，加速定子线圈老化，缩短电动机寿命。

本任务要求通过电动机降压启动控制来降低电动机启动电流的冲击，其具体控制要求和技术参数如下：

1. 技术参数

电动机参数：Y2-180L-4 型，22 kW，380 V，42.5 A，1 470 r/min。

2. 控制要求

利用接触器实现电动机降压启动自动控制，利用两个按钮实现系统的启动和停止，同时注意适当地保护。

二、相关知识

（一）相关低压电器

1. 时间继电器

时间继电器主要用于各种自动控制电路中作为延时元件，按预置时间接通或分断电路，在保护装置中用以实现各级保护的选择性配合等，应用非常广泛。

（1）原理：感应元件接受外界信号后，经过机械或电子延时部分，在到达设置的延时时间时，使时间继电器的执行部分动作。

（2）分类：

① 按延时方式分为：得电延时型、失电延时型和带瞬动触点的得电（或失电）延时型继电器。

② 按工作原理分为：空气阻尼式、电动式和电子式等。

③ 触点类型：时间继电器的触点有常开延时闭合触点、常闭延时断开触点、常开延时断开触点、常闭延时闭合触点、得失电均延时的常开和常闭触点、瞬时动作的常开和常闭触点共 8 类。不同的时间继电器具有不同类型的触点。

时间继电器的图形符号和文字符号如图 1-3-1 所示。

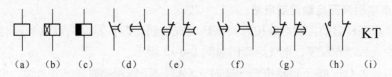

图 1-3-1 时间继电器图形符号和文字符号

（a）线圈一般符号；（b）缓慢吸合继电器线圈；（c）缓慢释放继电器线圈；（d）延时闭合的动合触点；
（e）延时断开的动断触点；（f）延时断开的动合触点；
（g）延时闭合的动断触点；（h）瞬动触点；（i）文字符号

2. 中间继电器

电磁式中间继电器的结构和工作原理与接触器相似，其主要差别是中间继电器没有主触点，因而对灭电弧的能力要求不高。

中间继电器的主要作用是对信号的传递和处理，即当其他继电器或接触器触点数量不够时，可借助中间继电器来切换多条控制电路。在电子线路中，当电路触点容量不够时，可借助中间继电器来控制，用中间继电器作为执行元件，这时中间继电器被当成一级放大器用。

3. 固态继电器

固态继电器是由固体半导体元件组成的无触点电子开关器件。

（二）降压启动相关知识及常用电路

1. 降压启动的相关知识

（1）降压启动的原因：降压启动指在电动机启动时，利用启动设备将电动机定子绕组的电压适当降低，待电动机启动后再将其电压恢复到额定值使其正常运行。

降压启动的主要目的是减小电动机的启动电流对电网的冲击，同时也可以减小启动转矩对转子的机械冲击。

是否需要降压启动，主要考虑电动机的容量、供电变压器的容量、电动机与供电变压器的距离、同一个电网下其他设备对供电质量的要求等因素。

（2）降压启动的适用范围：由于降压启动在减小启动电流的同时也减小了启动转矩，故降压启动只能用于轻载或空载启动的场合。

（3）降压启动的方法及其特点：三相交流笼形异步电动机降压启动的方法主要有定子串电阻、定子串自耦变压器、丫-△、延边三角形等，其各自的特点分别如下：

① 定子串电阻降压启动：其优点是按时间原则切除电阻，动作可靠，电路结构简单；缺点是电阻上功率损耗大，仅适用于较小容量电动机的降压启动。

② 定子串自耦变压器降压启动：与串电阻降压启动相比较，在同样启动转矩时，自耦变压器降压启动对电网的电流冲击小，功率损耗小。但其结构复杂、价格较贵，而且不适宜频繁启动。该方法主要用于启动较大容量的电动机，启动电流可以通过改变变压器抽头的连接位置得到改变。

③ 丫-△降压启动：优点是该方法启动电流小、投资少、线路简单、价格低廉；缺点是启动电流能且仅能减小3倍，启动转矩小、转矩特性差，只能用于正常运行时定子绕组接成三角形的三相异步电动机。对于大容量的电动机，该方法可以和其他降压启动方法配合使用。

延边三角形降压启动的方法由于要改变电动机定子绕组的结构，使得电动机的成本高、结构复杂、可靠性差，目前已很少使用。

2. 定子串电阻降压启动控制电路

定子串电阻降压启动控制电路按时间原则实现控制，即依靠时间继电器延时动作来控制各电器元件的先后动作顺序，电气原理图如图1-3-2所示。

当合上刀开关QS，按下启动按钮SB2时，KM2、KT线圈同时通电并自锁，电动机定子绕组串电阻降压启动，同时时间继电器开始定时。当电动机转速接近额定转速时（时间继电器到达延时动作时间），KT延时常开触点闭合，KM2线圈得电并自锁，其主触点闭合，使电动机全压运行。同时，KM2常闭触点断开，KM1和KT线圈同时失电。

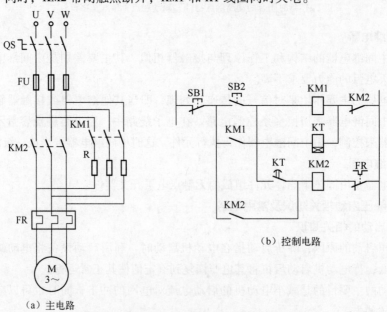

图1-3-2　定子串电阻降压启动电气原理图

3. 自耦变压器降压启动控制电路

自耦变压器降压启动控制电路原理与定子串电阻电路基本相同，其电气原理图如图1-3-3所示。

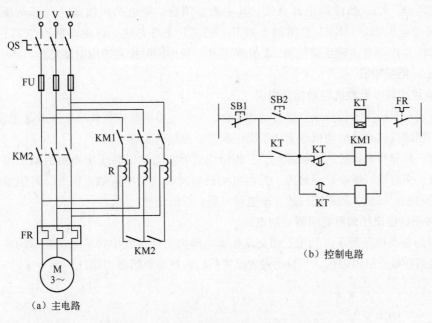

（a）主电路　　　　　　　　　　（b）控制电路

图1-3-3　自耦变压器降压启动电气原理图

4. Y-△降压启动控制电路

Y-△降压启动电气原理图如图1-3-4所示。

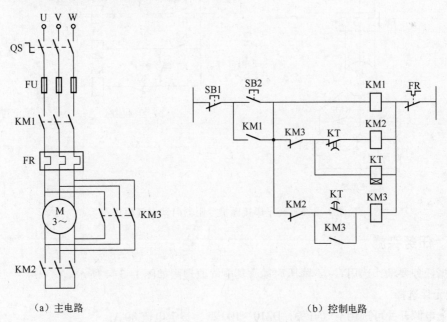

（a）主电路　　　　　　　　　　（b）控制电路

图1-3-4　Y-△降压启动电气原理图

当合上刀开关 QS，按下启动按钮 SB2 时，KM1、KM2、KT 线圈同时得电并自锁，电动机接成星形启动，同时时间继电器开始定时。当电动机转速接近额定转速时（时间继电器到达延时动作时间），KT 动作，KT 的常闭触点断开，KM2 线圈失电，其主触点断开；同时 KT 的常开触点闭合，KM3 线圈得电并自锁，其主触点闭合，使电动机接成三角形全压运行。当 KM3 线圈得电吸合后，KM3 常闭触点断开，使 KT 线圈失电，避免时间继电器长期工作。KM2、KM3 常闭触点实现互锁控制，防止星形和三角形同时接通造成电源短路。

（三）拓展知识

1. 绕线式异步电动机启动相关知识

降压启动只能用于轻载或空载启动的场合，如果需要满载或超载启动（如起重设备），则需要用三相绕线式异步电动机改变转子绕组参数的控制来实现。

根据三相异步电动机的机械特性，三相绕线式异步电动机转子串电阻启动不仅可以减小启动电流，同时可以增加启动转矩、提高电动机启动时的功率因数。因此，对于要求满载或超载启动的生产机械，利用绕线式异步电动机是必然的选择。

2. 转子绕组串接频敏变阻器启动电路

如图 1-3-5 电路所示，利用三相交流异步电动机启动过程中转子电流频率的变化，自动调节串接的频敏变阻器阻抗。当启动过程结束后，将频敏变阻器切除。

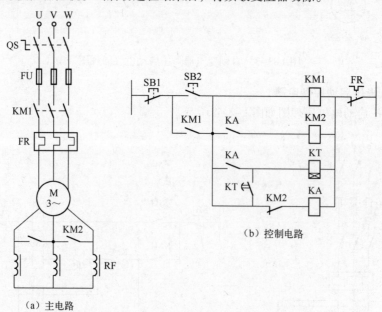

图 1-3-5 转子串接频敏变阻器启动电气原理图

三、任务实施

根据任务要求，选用Y-△降压启动，其电气原理图如图 1-3-4 所示。

1. 元件选择

（1）电源开关可选用空气开关，DZ10-100 型，整定电流 80 A。

（2）熔断器 FU1 用于电动机及其主电路的瞬时过载（短路）保护，选 RL1-60 型熔断器，配 50 A 的熔体。FU2 用于控制回路的瞬时过载（短路）保护，选 RL1-15 型熔断器，配 2 A 的熔体。

（3）热继电器用于电动机的长期过载保护，选 JR20－63（40～55）型热继电器，热元件电流可调至 45 A。

（4）接触器用于电动机及其主电路的控制，根据电动机的额定电流情况，KM1、KM2 选用 CJ20－40 型（额定电流 55A）交流接触器，线圈额定电压为 380 V。

（5）时间继电器选用 JS7－2A 型。

（6）按钮选择，选择一般式按钮 LAY3－11 型。

2. 任务实训

依据"任务实施"的设计，选择所需要的低压电器，在电工实训台上完成电动机的启动和停止控制。

注意：

（1）用电安全。

（2）仔细检查接线，确认电路接线无误后方可投入运行。

3. 检查与评估

（1）检查元器件的选择是否正确。

（2）控制线路的接线是否合理安全。

（3）完成任务中的控制要求，是否还有其他的方法。

四、自主练习

绕线式异步电动机转子串联电阻器启动

参考电路如图 1-3-6 所示，采用时间控制方式，随着电动机的启动逐步切除转子串联的电阻器。本控制也常采用电流控制方式，利用电动机启动过程中转子电流的变化实现切除转子串接的电阻器。

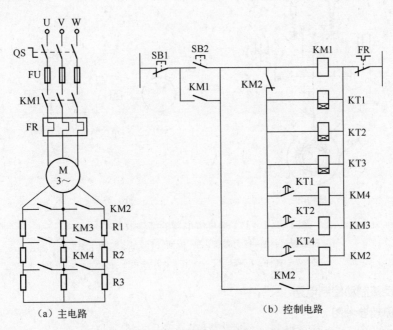

（a）主电路　　　　　　　（b）控制电路

图 1-3-6　转子串电阻启动电气原理图

任务四　电动机制动控制

一、工作任务

由于生产机械的电动机运行惯性较大，当要求准确、迅速停车时，需要电动机的制动控制。

从电动机制动原理来看，三相交流异步电动机的制动主要有机械制动和电气制动两种方式。机械制动主要是采用机械爆闸，电气制动主要有反接制动和能耗制动。

本任务要求通过电动机制动控制来迅速停车，其具体控制要求和技术参数如下：

1. 技术参数

电动机参数：Y2 – 180L – 4 型，22 kW，380 V，42.5 A，1 470 r/min。

2. 控制要求

采用速度控制方式实现电动机的制动控制，利用两个按钮实现系统的启动和停车，同时注意适当地保护。

二、相关知识

（一）速度继电器

速度继电器是一种依靠速度大小使其触点动作的继电器，常常与接触器配合，用于三相异步电动机按速度原则控制的反接制动控制电路中。

速度继电器主要由定子、转子和触点三部分组成，图 1-4-1 所示为常用的 JY1 型速度继电器的结构原理示意图。

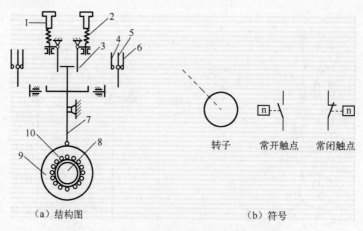

（a）结构图　　　　　　　　　　　（b）符号

图 1-4-1　JY1 速度继电器的结构及其符号

1—调节螺钉；2—反力弹簧；3—返回杠杆；4、5、6—触点；

7—杠杆；8—转子；9—定子；10—定子导体

（二）反接制动控制电路

1. 电气原理参考图

根据三相异步电动机的机械特性可知，反接制动要求在转速为零时必须及时关闭电源，否则电动机将反向启动。因此，该制动控制不能使用时间原则的控制方式。本电路使用速度原则的控制方式，即采用速度继电器检测是否停车，其电气原理可参考图1-4-2。

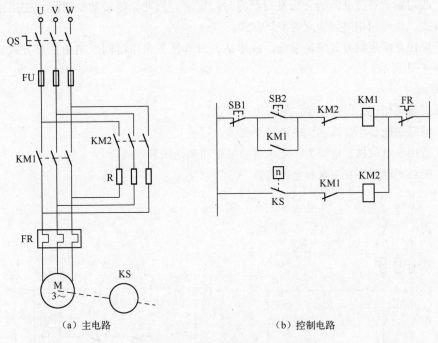

（a）主电路　　　　　　　　（b）控制电路

图1-4-2　反接制动电气原理图

2. 原理分析

（1）启动过程：当合上刀开关QS，按下启动按钮SB2时，KM1线圈得电，使得其主触点闭合，电动机全压启动。同时，辅助常开触点闭合实现自锁，辅助常闭触点断开，避免KM2线圈得电。

当电动机启动后，速度继电器KS的常开触点闭合，为停车时的反接制动做好准备。

（2）停车：按下停车按钮SB1时，KM1线圈失电，使得其主触点打开，电动机正向电源消失。同时，KM1的辅助常闭触点闭合，由于此时电动机转速较高，速度继电器KS的常开触点仍然处于闭合状态，KM2线圈得电，使得KM2主触点闭合，串电阻供给电动机反相序三相电源，产生与转子转动方向相反的转矩，因而起制动作用。电动机的转速下降接近零时，KS的常开触点断开，KM2线圈失电及时断开电动机的反接电源，反接制动过程结束。

（3）说明：

① 反接制动的特点是制动迅速、效果好，但冲击电流较大，通常用于10 kW及以下的小容量电动机。为了减小冲击电流、限制制动转矩，在参考电路中串接了反接制动电阻。

② 控制电路中KM1和KM2的常闭触点组成互锁，能够可靠避免电源相间短路的故障情况。

（三）能耗制动控制电路

能耗制动是异步电动机脱离三相交流电源后，在定子绕组施加直流电压用以产生静止磁场，利用静止磁场与转子感应电流的相互作用阻止异步电动机转子旋转，达到制动的目的。

项目一　三相异步电动机传统控制

1. 电气原理参考图

根据三相异步电动机的机械特性可知，能耗制动在转速为零时静止磁场产生的制动转矩亦为零，故对制动直流电源的去除没有严格时间要求。因此，该制动控制既可使用速度原则的控制方式，也可使用时间原则的控制方式。

由于采用速度控制方式结构复杂、成本高，故本任务采用时间原则的控制方式，电气原理如图1-4-3所示。

2. 特点

与反接制动相比，能耗制动主要有以下特点：

（1）消耗的能量小，其制动电流要小很多。

（2）适用于电动机容量较大、要求制动平稳和制动频繁的场合。

（3）能耗制动需要直流电源整流装置。

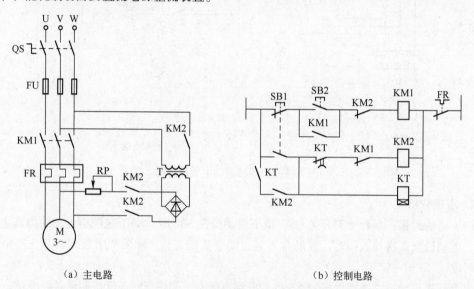

（a）主电路　　　　　　　　　　　　　　　　　（b）控制电路

图1-4-3　能耗制动电气原理图

三、任务实施

根据任务要求，选用如图1-4-2所示的反接制动控制电路。

1. 元件选择

（1）电源开关可选用空气开关，DZ10-100型，整定电流80 A。

（2）熔断器FU1用于电动机及其主电路的瞬时过载（短路）保护，选择RL1-60型熔断器，配50 A的熔体。FU2用于控制回路的瞬时过载（短路）保护，选择RL1-15型熔断器，配2 A的熔体。

（3）热继电器用于电动机的长期过载保护，选择JR20-63（40～55）型热继电器，热元件电流可调至45 A。

（4）接触器用于电动机及其主电路的控制，根据电动机的额定电流情况，KM1、KM2选用CJ20-40型（电流55 A）交流接触器，线圈电压为380 V。

（5）根据工作任务中电动机转速，速度继电器选用JFZ0-2型。

（6）时间继电器选用 JS7–2A 型空气阻尼式时间继电器。

（7）按钮选择，选择一般式按钮 LAY3–11 型。

2. 任务实训

依据"任务实施"的设计，选择所需要的低压电器，在电工实训台上完成电动机的启动和停止控制。

注意：

（1）用电安全。

（2）仔细检查接线，确认电路接线无误后方可投入运行。

3. 检查与评估

（1）检查元器件的选择是否正确。

（2）控制线路的接线是否合理安全。

（3）完成任务中的控制要求，是否还有其他的方法。

四、自主练习

试设计一个可逆运行的反接制动控制电路并考虑适当的保护。

任务五　机床电气控制电路分析

一、工作任务

（1）通过 C650 卧式车床电气控制电路的分析，掌握分析复杂继电–接触控制电路原理的方法。

（2）通过拓展知识的学习，使学生了解继电–接触控制的设计方法和设计内容。

二、相关知识

（一）电气控制系统图的基本知识

电气控制系统是由许多电器元件按照一定要求连接而成的。为了表达生产机械电气控制系统的结构、原理等设计意图，同时也为了便于电气控制系统的安装、调试、使用和维修，需要将电气控制系统中各电器元件及其连接用一定图形表达出来，这种图形称为电气控制系统图。

电气控制系统图纸的图幅尺寸、图框线、图幅分区、标题栏、图线、字体、尺寸标注及比例、注释、详图和技术数据等均应按国标规范表示。

常用的电气控制系统图主要有电气原理图、电器元件布置图和电器安装接线图等，各种图纸有其不同的用途和规定画法，下边分别进行介绍。

1. 电气原理图

电气原理图用图形和文字符号表示电路中各个电器元件的连接关系和电气工作原理，它并不反映电器元件的实际大小和安装位置。本书以 T68 型卧式镗床的电气原理图（见图 1-5-1）为例说明绘制电气原理图应遵循的一些基本原则。

（1）电气原理图一般分为主电路和辅助电路两部分。主电路包括从电源到电动机的电路，是大电流通过的部分；辅助电路包括控制电路、照明电路、显示电路及保护电路等，是小电流通过的部分。

（2）电气原理图中所有电器元件不画实际的外形，而采用国家统一规定的各元器件标准图形和文字符号。

（3）为了更清晰地描述电气控制原理，各电器元件的不同部分可以分开来画，但必须用同一文字符号标注。对于同类电器，应在文字符号后加数字序号以示区别。

（4）在电气原理图中，所有电器的触点均按没有通电或没有外力作用（即常态）时画出。例如，继电器、接触器触点按吸引线圈不通电时的状态画出；控制器的手柄按处于零位时的状态画出；按钮、行程开关的触点按不受外力作用时的状态画出。

（5）电气原理图中，交叉且有连接的导线连接点要用黑色圆点表示。

（6）为便于阅读和分析电气控制原理，可将电气原理图分成若干图区，其图区编号常设置在图的下方，并在图的顶部标明各图区电路的作用。

同时，在继电器、接触器线圈的下方列出相应触点所在图区（即触点的索引），对未使用的触点用"×"表示。触点索引各栏的含义如表1-5-1所示。

表1-5-1 接触器、继电器各栏触点索引的含义

器　件	左　栏	中　栏	右　栏
接触器	主触点所在图区	辅助常开触点所在图区	辅助常闭触点所在图区
继电器	—	常开触点所在图区	常闭触点所在图区

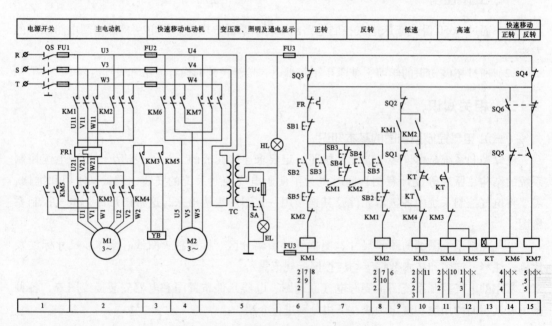

图1-5-1 T68型卧式镗床电气原理图

2. 电器元件布置图

电器元件布置图主要用来反映电器元件的实际安装位置，为生产机械设备的制造、安装、维修提供必要的资料。在绘制电器元件布置图时，须注意以下事项：

（1）图中电器元件用实线框表示。

（2）在图中需要留出足够的备用面积及导线管（槽）位置，以供走线和改进设计时使用。

（3）标注必要的尺寸。

3. 电器安装接线图

电器安装接线图反映的是电气设备各控制单元内部元件之间的接线关系，为安装电气设备和电器元件进行配线或检修故障提供必要的资料。在绘制电器安装接线图时，须注意以下事项：

（1）各个电器元件按底板上的实际位置画出，一个元件所有部分均应画在一起，并用虚线框起来。

（2）接线图中元件图形符号、文字符号、接线端子符号应与电气原理图保持一致。

（3）走向相同的相邻导线可以绘制成一根线，走线通道尽量少。

（4）安装底板内外的电器元件之间的连线应通过接线端子板连接。

（二）电气控制系统分析的方法与步骤

分析电气控制系统时，首先要详细阅读设备说明书，了解设备的结构、运动形式、加工工艺，以及电气控制系统与相关的其他控制部分（如气动、液压部分）之间的关系；然后结合电气原理图、电气安装接线图、电气元件布置图，将整个电气控制电路划分成若干部分，逐一分析其工作原理。电气控制原理图的基本分析方法是查线读图法。

1. 分析主电路

从主电路入手，根据每台电动机和执行电器的控制要求去分析各电动机和执行电器的控制内容，包括电动机启动、转向控制、调速、制动等基本控制要求。

2. 分析控制电路

根据主电路各个电动机和执行电器的控制要求，逐一找出控制电路中的控制环节，将控制电路"化整为零"，按功能不同划分成若干局部控制电路来分析。

3. 分析辅助电路

此处的辅助电路主要指执行元件的工作状态显示、电源显示、参数测定、照明和故障报警等部分。需要注意的是，辅助电路中很多部分是由控制电路中的元器件来控制的，在分析辅助电路时，要回过头去对控制电路中的该部分电路进行分析。

4. 分析联锁与保护环节

生产机械对安全性、可靠性有很高的要求，实现这些要求，除了合理选择拖动、控制方案外，在控制电路中还设置了必要的电气联锁和一系列的电气保护（如正反转控制中接触器常闭触点的互锁等）。必须对电气联锁与电气保护环节在控制电路中的作用进行分析。

5. 分析特殊控制环节

某些控制电路中还设置了与主电路、控制电路关系不密切、相对独立的特殊控制环节，如产品计数装置、自动检测系统、晶闸管触发电路、自动调温装置等。这些部分往往自成一个小系统，其读图分析的方法可参照上述分析过程，同时灵活运用所学的电子技术、变流技术、自控系统等知识进行逐一分析。

6. 总体检查

经过"化整为零"，逐步分析每一局部电路的工作原理及各部分之间控制关系后，再用

"集零为整"的方法，全面检查整个控制电路，看是否有遗漏。特别要从整体角度去进一步检查和理解各个控制环节之间的联系，以及机、电、液、气的配合情况，了解电路图中每个电器元件的作用，熟悉其工作过程并了解其主要参数，由此可以对整个电路有清晰的理解。

（三）拓展知识

1. 电气控制系统设计的基本内容

按设计工作的先后次序，电气控制系统设计的基本内容有：

（1）拟定电气设计任务书。

（2）确定电气拖动控制方案，选择电动机。

（3）设计电气控制原理图。

（4）选择电气元件，制定明细表。

（5）设计操作台、电气柜及非标准电气元件。

（6）设计电气设备布置总图、电气安装图及电气接线图。

（7）编写电气说明书和使用操作说明书。

2. 电气控制设计的一般原则

（1）最大限度地满足生产机械和生产工艺对电气控制的要求，这些生产工艺要求是电气控制设计的依据。

（2）在满足控制要求前提下，设计方案力求简单、经济、合理，不要盲目追求自动化和高指标。

（3）正确、合理地选用电气元件，确保控制系统安全可靠地工作。

（4）为适应生产的发展和工艺的改进，在选择控制设备时，设备能力留有适当裕量。

3. 电力拖动方案的确定

（1）拖动方式的选择：电气传动要求电动机接近工作机构，形成多电动机的拖动方式，以简化传动机构。具体选择时，应根据工艺及结构具体情况决定电动机的数量。

（2）调速方案的选择：根据调速范围、调速精度及调速平滑性的要求，选择合适的调速方案。生产机械常用的调速方案主要有：

① 机械调速：包括齿轮变速箱、液压调速等。

② 电气调速：包括交流调速和直流调速两大类。

交流调速又包含变更定子绕组磁极数的调速、改变绕线式异步电动机转子电路电阻的调速、带滑差离合器的滑差调速，以及目前较为流行的变频调速等。

③ 电动机调速性质的确定：生产机械按其负载特性分类，有恒功率负载、恒转矩负载和通风机负载3种，电动机调速性质必须与生产机械的负载特性相适应。

4. 控制方案的确定

（1）控制方案应最大限度满足生产工艺要求。在设计之前，必须与和电气控制相关联的其他设计人员进行充分沟通，充分了解生产机械的工作性能、结构特点和生产工艺。同时，对同类或相近产品进行调研、分析和综合。在此基础上，确定能最大限度满足生产工艺要求的控制方案。

（2）控制方式与拖动需要相适应。以经济效益为标准，控制逻辑简单、加工程序基本固定，采用继电-接触控制方式较为合理；经常改变加工程序或控制逻辑复杂，采用可编程控制器较为合理。

（3）控制方式与通用化程度相适应。加工一种或几种零件的专用设备，通用化程度低，可以有较高的自动化程度，宜采用固定的控制电路；单件、小批量且可加工形状复杂零件的通用设备，采用数字程序控制或可编程控制器控制，可以根据不同加工对象设置不同的加工程序，有较好的通用性和灵活性。

（4）控制电路的可靠性：

① 控制电路电源的选择：应选择标准的控制电压等级，尽量减少控制电路中电压和电流的种类。

② 为了确保控制电路工作的安全可靠，除了选用性价比高的元器件外，电路的设计与安装也是至关重要的。设计控制电路时，电路结构力求简单，尽量选用常用的且经过实际考验的电路；安装时，应考虑电器元件的实际位置，尽可能地减少配线时的连接导线。

5. 电气控制系统的设计方法

（1）控制电路设计方法。常用的控制电路设计方法有经验设计法和逻辑设计法两种：经验设计法是根据生产工艺的要求，按照电动机的控制方法，采用典型环节电路直接进行设计；逻辑设计法则是采用逻辑代数的方法对控制电路进行设计。

（2）控制电路设计时应注意的问题：

① 设计控制电路时，要注意操作、调整和检修。

② 控制电路中应避免出现寄生电路（即电路动作过程中意外接通的电路）。

③ 尽量减少电器数量和种类，采用标准件和相同型号的电器。

④ 在电路中应尽量避免许多电器依次动作才能接通另一个电器的控制电路。

（3）电气控制系统中的保护和联锁环节。生产机械对安全性、可靠性有很高的要求，实现这些要求，除了合理选择拖动、控制方案外，在控制电路中还要设置必要的机械联锁、电气联锁和一系列的电气保护。常用的电气保护主要有短路保护、过电流保护、过载保护、失电压保护、欠电压保护等。

6. 控制电路中的竞争与冒险现象

当控制电路状态发生变换时，常伴随着电路中元器件触点状态的变换。由于电器元件均需要一定的动作时间，触点动作的时序不同，将可能产生不同于控制要求的结果。这种由于触点动作时序的不同，有可能出现控制失效的现象称为竞争冒险。如果电路中存在竞争与冒险现象，触点的竞相动作称为竞争，电路的实施称为冒险。在设计控制电路时，应尽量避免竞争冒险现象的发生。

由于控制电路是开关电路，也就是逻辑电路，因此，可以应用逻辑代数的相关知识去判断竞争与冒险现象的发生与否。

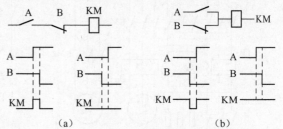

图 1-5-2　竞争与冒险的两种典型电路

从竞争冒险的本质和导致的结果来看，主要有如图 1-5-2 所示的两种情况。

三、任务实施

C650 卧式车床电气控制电路分析

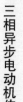

1. C650 车床的结构及运动形式

C650 车床的主要结构如图 1-5-3 所示。

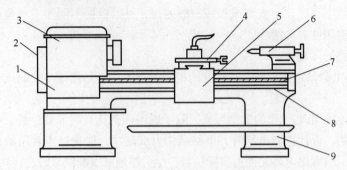

图 1-5-3　C650 车床的结构示意图

1—进给箱；2—挂轮箱；3—主轴变速箱；4—溜板与刀架；5—溜板箱；

6—尾架；7—丝杠；8—光杠；9—床身

车床的主运动为工件的旋转运动，由主轴通过卡盘或顶尖去带动工件旋转，它承受车削加工时的主要切削功率。

车床的进给运动为刀架的纵向或横向直线运动，其运动形式有手动和机动两种。

车床的辅助运动为刀架的快速移动和工件的夹紧与放松。

2. C650 车床的电气控制线路分析

（1）主电路：C650 卧式车床的电气原理图如图 1-5-4 所示。为方便分析，在此分解为如图 1-5-5 所示的主电路电气原理图。

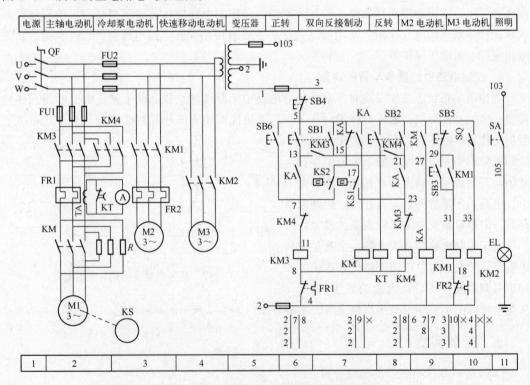

图 1-5-4　C650 卧式车床的电气原理图

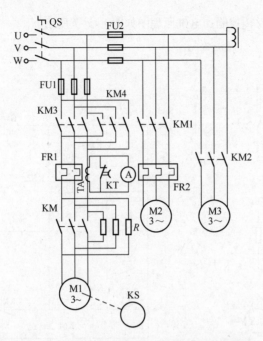

图 1-5-5　C650 卧式车床主电路电气原理图

① 采用 3 台电动机拖动，尤其是车床刀架的快速移动由 1 台电动机单独拖动。

② 主轴电动机不但有正、反向运转，还有单向低速电动的调整控制，正、反向停车时均具有反接制动控制。

③ 设有检测主轴电动机工作电流的环节。

（2）主电动机的点动控制：KM3 为电动机 M1 的正转接触器，KM 为 M1 的长动接触器，KA 为中间继电器。M1 的点动由点动按钮 SB6 控制。按下按钮 SB6，接触器 KM3 得电吸合，其主触点闭合，电动机的定子绕组经限流电阻 R 与电源接通，电动机在较低速度下启动，如图 1-5-6 所示。

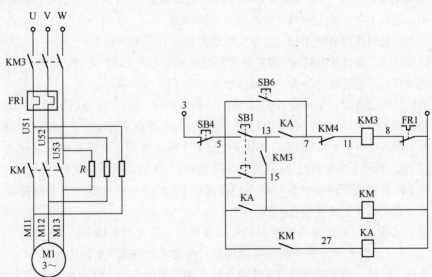

图 1-5-6　主电动机点动调整控制电气原理图

（3）主电动机的正反转控制：电气原理图如图1-5-7所示。

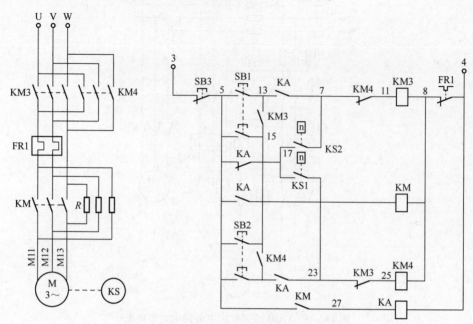

图1-5-7 主电动机正反转控制电气原理图

正转启动时，按下正转启动按钮SB1，接触器KM首先得电动作，其主触点闭合，将限流电阻短接。KM的辅助动合触点闭合使中间继电器KA得电，其触点（13-7）闭合，使接触器KM3得电吸合。KM3的主触点将三相电源接通，电动机M在额定电压下正转启动。KM3的动合辅助触点（15-13）和KA的动合触点（5-15）的闭合将KM3线圈自锁。

反转启动时，按下反向启动按钮SB2，同样是KM得电，然后接通接触器KM4和中间继电器KA，于是电动机在额定电压下反转启动。

KM3的动断辅助触点（23-25），KM4的动断辅助触点（7-11）分别串在对方接触器线圈的回路中，起到了电动机正转与反转的电气互锁作用。

（4）主电动机的反接制动控制：其电气原理图如图1-5-8所示。

电动机正转时，速度继电器KS的正转动合触点KS1（17-23）闭合。

电动机反转时，速度继电器的反转动合触点KS2（17-7）闭合。

当电动机正向旋转时，接触器KM3和KM、继电器KA都处于得电动作状态，速度继电器的正转动合触点KS1（17-23）也是闭合的，这样就为电动机正转时的反接制动做好了准备。

需要停车时，按下停止按钮SB4，KM失电，其主触点断开，电阻R串入主回路。与此同时KM3也失电，断开了电动机的电源，同时KA失电，KA的动断触点闭合。

在松开SB4后就使反转接触器KM4的线圈通过1-3-5-17-23-25电路得电，电动机的电源反接，电动机处于反接制动状态。

当电动机的转速下降到速度继电器的复位转速时，速度继电器KS的正转动合触点KS1（17-23）断开，切断了接触器KM4的通电回路，电动机失电源停止运转。

当电动机反转时，速度继电器的反转动合触点KS2是闭合的，这时按一下停止按钮SB4，在SB4松开后正转接触器线圈通过1-3-5-17-7-11电路得电，正转接触器KM3吸合将电源反接使电动机制动后停止。

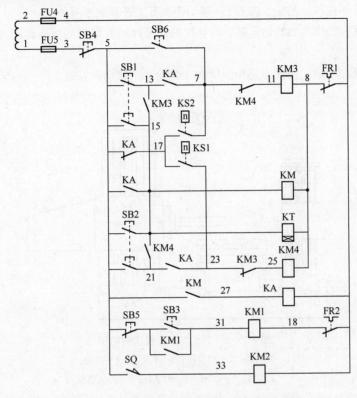

图1-5-8 主电动机反接制动控制电气原理图

（5）刀架的快速移动和冷却泵控制。刀架的快速移动是由转动刀架手柄压动限位开关 SQ 来实现的。当手柄压动 SQ 后，接触器 KM2 得电吸合，电动机 M3 转动带动刀架快速移动。M2 为冷却泵电动机，它的启动与停止通过按钮 SB3 和 SB5 控制。

此外，监视主回路负载的电流表通过电流互感器接入。为防止电动机启动电流对电流表的冲击，电路中采用一个时间继电器 KT。当启动时，KT 线圈得电，而 KT 的延时断开的动断触点尚未动作，电流互感器二次电流只流经该触点构成闭合回路，电流表没有电流流过。启动后，KT 延时断开的动断触点打开，此时电流流经电流表，反映出负载电流的大小。

本部分电气原理图比较简单，可参看总的电气原理图1-5-4。

四、自主练习

自主分析 T68 型卧式镗床电气控制系统的工作原理。

1. T68 型卧式镗床的结构

T68 型卧式镗床主要由床身、前立柱、镗头架、工作台、后立柱和尾架等部分组成，其基本结构如图1-5-9所示。

2. T68 镗床的运动形式

（1）主运动：镗杆和花盘的旋转运动。

（2）进给运动：

① 镗杆（主轴）的进出运动：运动速度有工进和快进两种。

② 花盘刀具溜板径向运动：运动速度是工进。

③ 工作台水平位移（前后、左右）：移动速度有工进和快进两种。

④ 辅助运动：工作台的旋转运动、后立柱的水平移动和尾架的垂直运动及各部分的快速移动。

⑤ 互锁要求：主轴（镗杆）进给运动和工作台水平移动的互锁。

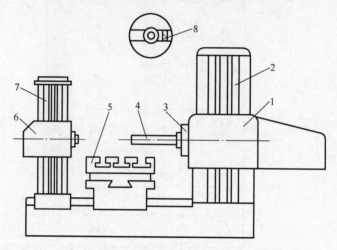

图 1-5-9　T68 型卧式镗床的结构
1—镗头架；2—前立柱；3—平旋盘；4—镗轴；
5—工作台；6—尾座；7—后立柱；8—刀具溜板

3. T68 镗床的电力拖动及控制要求

（1）主轴应有较大的调速范围，且要求恒功率调速，往往采用机电联合调速（双速电动机 + 齿轮箱）。

（2）变速时，为使滑移齿轮能顺利进入正常啮合位置，应有低速或断速变速冲动。

（3）主轴能做正反转低速点动调整，要求对主轴电动机实现正反转及点动控制。

（4）为使主轴迅速准确停车，主轴电动机应具有机械制动。

（5）由于进给运动直接影响切削量，而切削量又与主轴转速、刀具、工件材料、加工精度等因素有关，所以一般卧式镗床主运动与进给运动由一台主轴电动机拖动，由各自传动链传动。

（6）主轴和工作台除工作进给外，为缩短时间，还应有快速移动，由另一台电动机拖动。

（7）由于镗床运动部件较多，应设置必要的联锁和保护，并使操作尽量集中。

4. 原理分析

（1）T68 镗床的电气原理图如图 1-5-10 所示。

（2）主电路（见图 1-5-10）：

① 主电动机 M1（双速电动机）：

● KM1、KM2 用于正、反转控制。

● KM3 用于低速△连接。

● KM4、KM5 用于高速丫–丫连接。

● 高、低速转动时，KM3、KM5 均可使 YB（电磁抱闸）通电松开抱闸制动。

② 快速移动电动机 M2：KM6、KM7 作正反转控制。

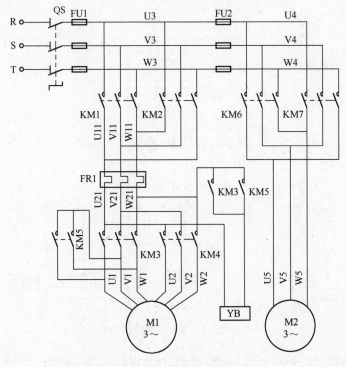

图 1-5-10　T68 镗床主电路

（3）控制电路（见图 1-5-11）：

① 主电动机启动控制。

● 启动要求：正、反向点动和正反向低速启动后高速运行。

　SB2、SB5 为正反向启动按钮，SB3、SB4 为正、反向点动按钮。

● 正向低速：SQ1 为常态（主变手柄在低速）。

　按下 SB2→KM1 通电自锁→KM3 得电→主电动机 M△正接，YB 得电松闸，低速运行。

● 正向高速：SQ1 在动态（主变手柄在高速）。

　按下 SB2→KM1 线圈得电自锁→KT 线圈得电→KM3 线圈得电→M1 △接低速→KT 延时
　→KM3 线圈失电，KM4 和 KM5 线圈得电—M1 为丫-丫接高速运行。

● 正向点动：SQ1 为常态。

按下 SB3→KM1 线圈得电→KM3 线圈得电→M1 △正点动。

松开 SB3→KM1 线圈得电→KM3 线圈得电→M1 停止。

反向的分析方法与正向类似。

② 主电动机停车制动控制。按下 SB1（停按）→KM1～KM5 线圈均失电，断开自锁，YB
断电抱闸，M1 制动迅速停车。

③ 变速冲动：

用途：变速齿轮的啮合。

原理：在运行过程中拉出主轴变速手柄→按下 SQ2→KM3、KM4、KM5、KT 线圈失电→
YB 断电→ M1 抱闸制动。

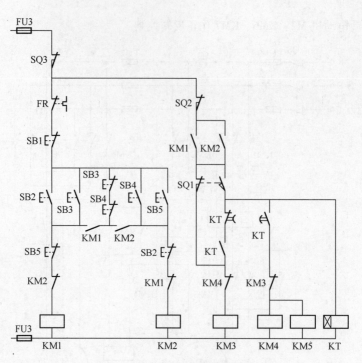

图 1-5-11　T68 镗床控制电路

主轴变速手柄复位→SQ2 闭合→KM3 线圈、YB 得电→ M1 缓动,反复拉出、复位,SQ2 断开、M1 停转,推回,SQ2 接通,M1 启动,直至啮合正常。

④ 互锁功能:主轴(镗杆)进给运动和工作台水平移动的互锁通过一个操作手柄的机械位置不同来实现,主轴进给时手柄按下 SQ3,工作台进给时手柄按下 SQ4,从图 1-5-1 所示的总电气原理图可以看出,只能选择一种进给方式,否则无法工作,即互锁。

⑤ 快速移动控制:加工过程中,有 4 种运动(8 个方向)需要快速。由快速移动电动机 M2 驱动,快速手柄在接通机械传动链的同时,压动位置开关 SQ5 或 SQ6,使 KM6、KM7 线圈得电,M2 正反转,实现快进要求。具体电路参见图 1-5-1 所示的电气原理图。

项目二

➡ 认识可编程控制器

该项目是 PLC 控制的基础。通过该项目的学习，了解可编程控制器的基本概念、软硬件结构及常用编程软件等知识。

教学目的

（1）掌握可编程控制器的基本概念。

（2）熟悉 FX2N 系列 PLC。

（3）熟悉 GX - Developer 8 软件。

教学内容

（1）可编程控制器的特点、组成及各组成部分的作用。

（2）可编程控制器的工作方式和工作原理分析。

（3）FX2N 系列可编程控制器的编程元件介绍。

（4）GX - Developer 8 软件介绍。

（5）PLC 梯形图或语句表的编辑方法、程序传送的方法和调试方法介绍。

教学重点

（1）可编程控制器的工作方式和工作原理。

（2）FX 系列可编程控制器的编程元件介绍。

（3）GX - Developer 8 软件的使用。

教学难点

（1）可编程控制器的工作方式和工作原理。

（2）PLC 梯形图或语句表的编辑方法、程序传送的方法和调试方法。

任务一　了解可编程控制器

一、工作任务

本任务通过分析三菱公司 FX2N 系列 PLC 的一个实际应用案例，使学生对 PLC 控制有一个总体的认识。

熟悉三菱 FX 系列 PLC，了解 FX2N 系列 PLC 的特点、各编程元件的作用。通过学习能够了解一些常用模块的功能，并根据控制要求进行模块选型。

二、相关知识

（一）PLC 的应用案例

1. 电动机单向起停的继电－接触控制系统

在项目一中介绍的利用继电－接触控制实现三相异步电动机单向起停控制的电气原理图如图 2-1-1 所示。若用 PLC 完成该控制，则需要将继电－接触控制的控制电路转换成 PLC 的梯形图，并连接外部输入、输出设备。

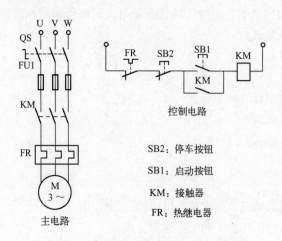

图 2-1-1　继电－接触控制电气原理图

2. PLC 梯形图

将继电－接触控制的控制电路转换成的 PLC 控制梯形图如图 2-1-2 所示。

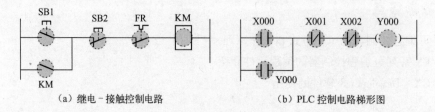

（a）继电－接触控制电路　　　　　（b）PLC 控制电路梯形图

图 2-1-2　继电－接触控制电路转换成 PLC 控制梯形图

继电－接触控制电路的元器件与 PLC 控制梯形图编程元件之间的对应关系如下：
SB_1—X000、SB_2—X001、FR —X002、KM—Y000。

3. PLC 硬件接线原理图

PLC 控制的外部输入、输出设备硬件接线图如图 2-1-3 所示。

通过上述案例可以看出，PLC 在继电接触控制系统中用来替代其辅助电路（包括控制电路以及检测、显示、报警等辅助电路）的主要功能。由此，实际器件和导线构成的继电－接触控制电路将由 PLC 的软件来实现。这种用实际的器件和导线构成的逻辑电路称为"硬逻辑"，用软件代替硬件构成的逻辑电路称为"软逻辑"。

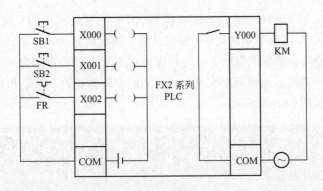

图 2-1-3 PLC 硬件接线图

（二）可编程控制器的基本概念

1. 可编程控制器概述

国际电工委员会（IEC）于 1987 年颁布了可编程控制器标准草案第三稿。在草案中对可编程控制器定义如下："可编程控制器是一种数字运算操作的电子系统，专为在工业环境下应用而设计。它采用可编程的存储器，用来在其内部存储执行逻辑运算、顺序控制、定时、计数和算术运算等操作的指令，并通过数字式和模拟式的输入和输出控制各种类型的机械或生产过程。可编程控制器及其有关外围设备都应按易于与工业系统联成一个整体，易于扩充其功能的原则进行设计"。

2. PLC 的产生与发展

1968 年，美国通用汽车公司（GM）为适应汽车型号不断更新、生产工艺不断变化的需要，实现小批量、多品种生产，希望能有一种新型工业控制器，它能做到尽可能减少重新设计和更换电气控制系统及接线，以降低成本、缩短周期。1969 年，美国数字设备公司根据 GM 公司的要求，研制出第一台可编程控制器，并在 GM 公司汽车自动装配线上试用，获得成功。

自第一台 PLC 出现以后，日本、德国、法国等也相继开始研制 PLC。这种新型的工业控制装置以其简单易懂、操作方便、可靠性高、通用灵活、体积小、使用寿命长等一系列优点，很快在世界各国的工业领域得到推广与应用。

3. PLC 的分类

（1）按结构形式分类：按 PLC 结构形式可分为整体式 PLC、模块式 PLC 和叠装式 PLC。

① 整体式 PLC：将电源、CPU、I/O 接口等部件都集中装在一个机箱内，具有结构紧凑、体积小、价格低等特点。其外形结构如图 2-1-4 所示。

图 2-1-4 整体式 PLC

② 模块式 PLC：将 PLC 各组成部分做成若干个单独的模块，如 CPU 模块、I/O 模块、电源模块（有的含在 CPU 模块中）以及各种功能模块。模块式 PLC 由框架（或基板）和各种模块组成。模块装在框架或基板的插座上。这种模块式 PLC 的特点是配置灵活，可根据需要选配不同模块组成一个系统，而且装配方便，便于扩展和维修。大、中型 PLC 一般采用模块式结构，其外形结构如图 2-1-5 所示。

图 2-1-5　模块式 PLC

③ 叠装式 PLC：其 CPU、电源、I/O 接口等也是各自独立的模块，但它们之间是靠电缆进行连接的，并且各模块可以层层叠装。这样，不但系统可以灵活配置，还可做得体积小巧。其外形如图 2-1-6 所示。

图 2-1-6　叠装式 PLC

（2）按 I/O 点和存储器容量分类：

① 小型 PLC：I/O 点数在 256 点以下，存储器容量 2 KB。

② 中型 PLC：I/O 点数在 256 ~ 2 048 点之间，存储器容量 2 ~ 8 KB。

③ 大型 PLC：I/O 点数在 2 048 点以上，存储器容量 8 KB 以上。

4. 可编程控制器的特点

（1）编程方法简单易学。

（2）功能强、性价比高。

（3）通用性强、硬件配套齐全、使用方便。

（4）可靠性高、抗干扰能力强。

（5）系统的设计、安装、调试、维修方便，工作量少。

（6）体积小、能耗低、重量轻。

（三）可编程控制器组成及各部分的作用

1. PLC 组成

PLC 的内部结构如图 2-1-7 所示。

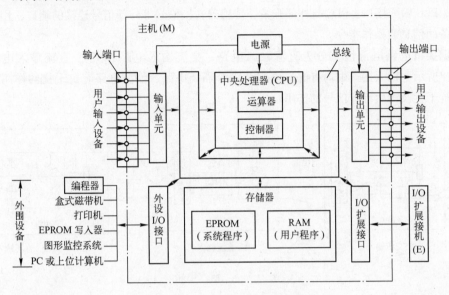

图 2-1-7　PLC 的内部结构

PLC 的基本组成包括硬件与软件两部分：

（1）PLC 的硬件部分：包括中央处理器（CPU）模块、存储器、输入模块、输出模块、电源模块和编程器。

（2）PLC 的软件部分：包括系统程序和用户程序。

2. CPU 的作用

CPU 的作用：按系统程序赋予的功能指挥 PLC 有条不紊地进行工作。归纳起来主要有以下五方面：

（1）接收并存储编程器或其他外围设备输入的用户程序或数据。

（2）诊断电源、PLC 内部电路故障和编程中的语法错误等。

（3）接收并存储从输入单元（接口）得到现场输入状态或数据。

（4）逐条读取并执行存储器中的用户程序，并将运算结果存入存储器中。

（5）根据运算结果，更新有关标志位和输出内容，通过输出接口实现控制、制表打印或数据通信等功能。

3. 存储器及其作用

（1）存储器的类型：

① 可读/写操作的随机存储器（RAM）。

② 只读存储器 ROM、EPROM 和 EEPROM。

（2）存储器的作用：

① 系统程序存储器：主要用于存放系统程序，用户不能直接存取、修改。

② 用户程序存储器：主要用于存放用户程序和工作数据，用户可以根据实际需要对用户程序进行修改。

4. PLC 中的输入/输出接口电路及作用

输入/输出接口电路通常也称为 I/O 单元或 I/O 模块，是 PLC 与工业生产现场之间的连接通道。

（1）PLC 输入接口：PLC 与外部开关、传感器转换信号等外部信号连接的端口，用来收集被控设备的信息或操作指令。

根据接口电路电源性质分为直流输入电路、交流输入电路和交流/直流输入电路，如图 2-1-8 所示。输入接口中均有滤波电路及耦合隔离电路，滤波电路有抗干扰的作用，耦合电路有抗干扰及产生标准信号的作用。

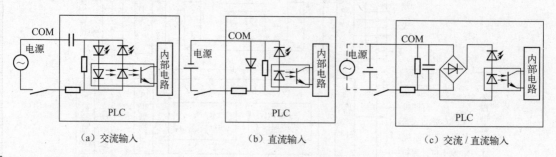

图 2-1-8　输入电路

（2）PLC 输出接口：PLC 与外部执行元件连接的端口，用来将处理结果送给被控制对象，以实现控制目的。按输出开关器件分类，有 3 种输出方式：继电器输出、晶体管输出和晶闸管输出，其输出电路如图 2-1-9 所示。

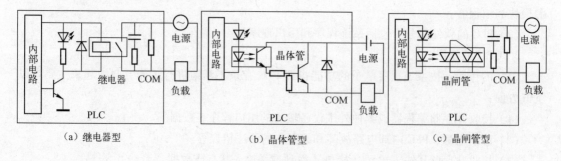

图 2-1-9　输出电路

各类输出接口中均具有隔离耦合电路，且输出接口本身都不带电源，在考虑外驱动电源时，还需要考虑输出器件的类型。3 种输出电路各自的特点如下：

① 继电器型的输出接口可用于交流及直流两种电源，带负载能力强，但动作频率低，响应速度慢。

② 晶体管型的输出接口只适用于直流驱动的场合，动作频率高（0.2 ms），但带负载能力差。

③ 晶闸管型的输出接口仅适用于交流驱动场合，响应速度快，但带负载能力差。

5. PLC 中的通信接口及作用

PLC 配有各种通信接口与外围设备连接。

（1）与打印机连接，可将过程信息、系统参数等输出打印。

（2）与监视器连接，可将控制过程图像显示出来。

（3）与其他 PLC 连接，组成多机系统或连成网络，实现更大规模控制。

（4）与计算机连接，组成多级分布式控制系统，控制与管理相结合。

（5）与人机界面（触摸屏）连接。

（6）与智能接口模块连接。智能接口模块是相对独立的计算机系统，它有自己的 CPU、系统程序、存储器以及与 PLC 系统总线相连的接口。PLC 的智能接口模块种类很多，如高速计数模块、闭环控制模块、运动控制模块、中断控制模块等。

（7）与编程器连接。

6. PLC 中的扩展接口及作用

扩展接口是用于连接扩展单元的接口。当 PLC 基本单元 I/O 口不能满足要求时，可通过扩展接口连接扩展单元以增加系统的 I/O 点数或输出类型。

（四）可编程控制器的工作原理

1. PLC 的等效电路

将 PLC 代替继电－接触控制系统时，可分为输入部分、内部等效逻辑电路部分和输出部分，如图 2-1-10 所示。

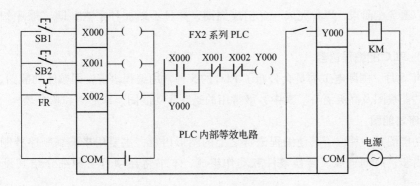

图 2-1-10　PLC 等效电路

（1）输入部分：收集并保存被控对象实际运行的数据和信息。例如，它收集来自被控对象上的各种开关信息或操作台上的操作命令等。

（2）逻辑部分：运算、处理由输入部分得到的信息，并判断哪些功能需要输出，该部分由用户根据控制要求编制的程序组成。

（3）输出部分：用以驱动需要操作的外部负载。

2. PLC 的工作方式和工作过程

（1）PLC 的工作方式：PLC 采用循环扫描的工作方式，一次扫描的过程包括输入采样、执行程序、处理通信请求、执行 CPU 自诊断、输出刷新共 5 个阶段。PLC 经过这 5 个阶段的工作过程，所需时间称为一个工作周期（或扫描周期）。

PLC 的扫描周期与用户程序的长短和该 PLC 的扫描速度紧密相关。

（2）PLC 的工作过程：PLC 运行时，CPU 对存于用户存储器中的程序，按指令顺序做周期性的循环扫描。

PLC 的扫描过程如图 2-1-11 所示。

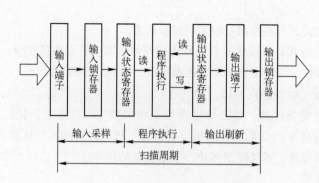

图 2-1-11　PLC 扫描过程示意图

① 输入采样阶段：PLC 以扫描方式顺序读入输入端子的通断状态（ON/OFF），并写入相应的输入状态寄存器中，即取得输入状态，接着转入程序执行阶段。

② 程序执行阶段：PLC 按先左后右，自上而下的顺序对每条指令进行扫描，并将相应的运算和处理结果写入输出状态寄存器中。

③ 输出刷新阶段：在所有指令执行完毕后，输出状态寄存器的通断状态转写入输出锁存器中，驱动相应的输出设备，产生 PLC 的实际输出。

经过以上 3 个阶段，PLC 完成一个扫描周期，并且不断循环下去，即"顺序扫描、不断循环"。

（五）PLC 的编程语言

1995 年 5 月，国际电工委员会公布了 PLC 的 5 种常用编程语言，即顺序功能图、梯形图、指令表、功能块图及高级语言。其中，最常用的是顺序功能图、梯形图和指令表。

1. 顺序功能图

顺序功能图是一种位于其他编程语言之上的图形语言，主要用来编制顺序控制程序。其结构主要由步、有向连线、转换条件和动作组成，本书将在项目三详细介绍其设计方法及应用。

2. 梯形图

梯形图编程语言是由电气原理图演变而来的，它沿用了继电 - 接触控制原理图中的触点、线圈、串并联等术语和图形符号，具有形象、直观、实用的特点，为广大电气技术人员所熟知，是 PLC 的主要编程语言。目前，世界上各生产厂家的 PLC（特别是中、小型 PLC）都把梯形图当作第一用户编程语言，只是不同系列 PLC 编程符号的规定有所不同。

（1）母线：梯形图的两侧各有 1 条公共母线（Bus Bar），类似于继电 - 接触控制电路的电源线。有的 PLC 省略了右侧的垂直母线（如 OMRON 系列的 PLC）。母线之间是触点和线圈，用短线连接。

（2）触点：PLC 内部的 I/O 继电器、辅助继电器、特殊功能继电器、定时器、计数器、移位寄存的常开/闭触点，都用如表 2-1-1 所示的符号表示，通常用字母数字串或 I/O 地址标注。触点本质上是存储器中某 1 位，用来表示逻辑输入条件，其逻辑状态与通断状态间的关系见表 2-1-1，这种触点在 PLC 程序中可被无限次地引用。触点放置在梯形图的左侧。

表 2-1-1　触点、线圈的符号

名　称	符　号	说　明
常开触点	—┤├—	"1" 为触点 "接通"；"0" 为触点 "断开"
常闭触点	—┤／├—	"1" 为触点 "断开"；"0" 为触点 "接通"
继电器线圈	—（ ）—	"1" 为线圈 "得电" 激励；"0" 为线圈 "失电" 不激励

（3）继电器线圈：对 PLC 内部存储器中的某一位进行写操作时，这一位便是继电器线圈，用来表示逻辑结果，用表 2-1-1 中的符号标注，通常用字母数字串、输出点地址、存储器地址标注。线圈一般有输出继电器线圈、辅助继电器线圈。它们不是物理继电器，而仅是存储器中的 1 位。一个继电器线圈在整个用户程序中只能使用一次（写），但它还可当作该继电器的触点在程序中的其他地方无限次引用（读），既可常开，也可常闭。继电器线圈放置在梯形图的右侧。

（4）信号的流向：PLC 梯形图所传递和处理的信号并不像继电 - 接触控制电路中的实际存在的电流，是梯形图程序中的 "概念电流"，利用 "电流" 这个概念可帮助我们更好地理解和分析 PLC 的程序梯形图。假想在梯形图垂直母线的左、右两侧加上直流电源的正、负极，"概念电流" 从左向右、从上向下流动。需要注意的是，PLC 梯形图是人为编制出的程序，其信号流是假想的，因此，该信号只能按要求的方向流动，不能反向流动。

3. 指令表

指令就是用助记符（也称语句表达式）来表达 PLC 的各种功能，它与计算机的汇编语言很相似，但又比一般的汇编语言简单得多。这种程序表达方式编程设备简单、逻辑紧凑、系统化、连接范围不受限制，但比较抽象。微型、小型 PLC 常采用这种方法，故指令表也是一种用得最多的编程语言。

三、任务实施

（一）三菱 FX 系列 PLC

1. 概述

FX 系列 PLC 是由三菱公司近年来推出的高性能小型可编程控制器，已逐步替代三菱公司原 F、F1、F2 系列 PLC 产品。其中，FX2 是 1991 年推出的产品，FX0 是在 FX2 之后推出的超小型 PLC。近几年来，又连续推出了将众多功能凝集在超小型机壳内的 FX0S、FX1S、FX0N、FX1N、FX2N、FX2NC 等系列 PLC，具有较高的性能价格比，应用广泛。

FX 系列成员介绍：

（1）FX0S/1S：PLC 的输入/输出点数为 10～30 点，用于要求不高、点数较少的场合。

（2）FX0 N /1 N：PLC 的输入/输出点数为 24～60 点，可以扩展到 128 点。

（3）FX2 N /2NC：PLC 的输入/输出点数为 16～128 点，可以扩展到 256 点。编程指令强、运行速度快，可适用于要求较高的场合。

（4）FX3U：三菱公司适应用户需求开发的第三代微型 PLC，运行速度快，可扩展到 384 点，增加了软元件、通信功能、各种适配器等。

项目 二 认识可编程控制器

2. 型号说明

FX □ □ - □ □ □ □
　　(1)　　(2)　(3)(4)

(1) 系列序号：如0、1、2、1S、1N、2N等。

(2) I/O总点数：10～256。

(3) 单元类型：M为基本单元，E为I/O混合扩展单元与扩展模块，EX为输入专用扩展模块，EY为输出专用扩展模块。

(4) 输出形式：R表示继电器输出，T表示晶体管输出，S表示双向晶闸管输出。

（二）三菱FX2N系列PLC

1. FX2N系列PLC的面板

FX2N系列PLC的面板如图2-1-12所示。

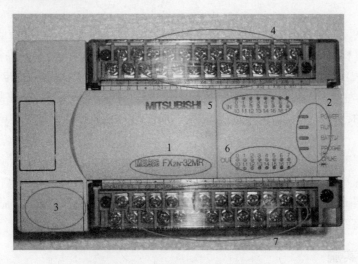

图2-1-12　FX2N系列PLC的面板

1—型号；2—状态指示灯；3—模式转换开关与通信接口；4—PLC的电源端子与输入端子；

5—输入指示灯；6—输出指示灯；7—输出端子

2. 特点

(1) FX2N是FX系列中功能最强、运行速度最快的PLC。

(2) 基本指令执行时间为0.08 μs，超过了许多大、中型PLC。

(3) FX2N的用户存储器容量可扩展到16 KB。

(4) FX2N I/O点数最大可扩展到256点。

(5) FX2N有多种模拟量输入/输出模块、高速计数器模块、脉冲输出模块、位置控制模块、RS-232C/RS-422/RS-485串行通信模块或功能扩展板、模拟定时器扩展板等。使用这些特殊功能模块和功能扩展板，可以实现模拟量控制、位置控制和联网通信等功能。

3. 型号说明

FX2N系列PLC的型号如表2-1-2所示。

表 2-1-2　PLC 型号

类　型	型　号	输 入 点 数	输 出 点 数	电源电压
基本单元	FX2N-16M（R，T） FX2N-16M（R，T） FX2N-16M（R，T）	8 16 24	8 16 24	AC 100～240 V 或 DC 24 V
扩展单元	FX2N-32ER（混合）	16	16	AC 100～240 V
扩展模块	FX2N-16EX（输入专用） FX2N-16EYR（输出专用） FX2N-16EYT（输出专用）	16	16	不需要
特殊功能模块	FX2N-422-BD FX2N-4AD	用于与 RS-232 设备通信 用于模拟量控制		

注：（1）基本单元输入继电器的编号是固定的，扩展单元和扩展模块是按与基本单元最靠近开始顺序进行编号。
（2）FX2N 最大可构成的 I/O 点数为 256 点。

4. 编程元件

FX 系列 PLC 软继电器编号由字母和数字组成。其中，输入继电器和输出继电器用八进制数字编号，其他均采用十进制数字编号。

（1）输入继电器（X）：PLC 接收外部输入开关量信号的窗口，与对应的输入端子相连。

在 PLC 内部，与输入端子相连的输入继电器是光电隔离的电子继电器，采用八进制编号，有常开和常闭两类触点，如 FX2N48-MR 的编号为 X000～X007、X010～X017、X020～X027。

输入继电器不能用程序驱动，只取决于外部输入信号的状态。在梯形图中，决不能出现输入继电器的线圈，如图 2-1-13 所示。

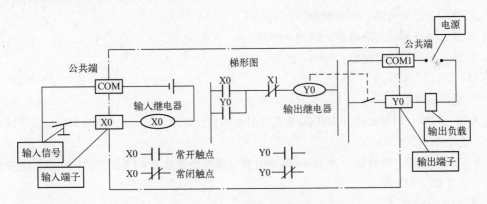

图 2-1-13　PLC 工作框图

（2）输出继电器（Y）：在 PLC 内部，与输出端子相连的是输出继电器的常开硬触点，用于向外部发送信号，且一个输出继电器只有一个常开型外部输出触点。采用八进制编号，有常开和常闭两类软触点用于编程。例如，FX2N48-MR 的编号为 Y000～Y007、Y010～Y017、Y020～Y027。

内部线圈由用户程序驱动时，各软触点和硬触点同时动作，因此在梯形图中既会出现输出继电器的触点，也会出现线圈。

（3）辅助继电器（M）：辅助继电器用软件实现，不能接收外部输入信号，也不能直接驱动外部负载，是一种内部状态标志，相当于中间继电器。采用十进制编号，有线圈和触点。

① 通用辅助继电器：M0 ~ M499（共 500 个），关闭电源重新启动后，通用继电器不能保护失电前的状态。

② 失电保持辅助继电器：M500 ~ M1023（共 524 个），PLC 失电后再运行时，能保持失电前的工作状态，采用锂电池作为 PLC 失电保持的后备电源。

③ 特殊辅助继电器：M8000 ~ M8255（共 156 点），特殊用途。

以下是只能利用其触点的特殊辅助继电器，其线圈由 PLC 的系统程序驱动，用户只能用其触点。

● M8000（运行监控）：PLC 运行时 M8000 为 ON，停止执行时为 OFF。

● M8002（初始化脉冲）：仅在运行开始瞬间接通（M8000 由 OFF 变为 ON 时）的一个扫描周期内为 ON，其常开触点常用于元件初始化或设置初值。

● M8011 ~ M8014：分别产生 10 ms、100 ms、1 s、1 min 时钟脉冲。

以下是只能利用其线圈的特殊辅助继电器：

● M8033 的线圈得电后，PLC 进入 STOP 状态后，所有输出继电器的状态保持不变。

● M8034 的线圈得电后，禁止所有输出。

● M8039 的线圈得电后，PLC 以 D8039 中指定的扫描时间工作。

（4）状态继电器（S）：对工序步进型控制进行简易编程的内部元件，采用十进制编号，与步进指令 STL 配合使用。

状态继电器不用于步进指令时，可做普通辅助继电器使用，有无数个常开触点与常闭触点，编程时可随意使用。

状态继电器有如下 3 种：

① 通用状态继电器：S0 – S499。

② 失电保持型状态继电器：S499 – S899。

③ 供信号报警用继电器：S900 – S999。

（5）定时器（T）：

① 通用定时器。

● T0 ~ T199：时钟脉冲为 100 ms 的定时器，即当设置值 $K = 1$ 时，延时 100 ms，设置范围为 0.1 ~ 3276.7 s。

● T200 ~ T245：时钟脉冲为 10 ms 的定时器，即当设置值 $K = 1$ 时，延时 10 ms，设置范围为 0.01 ~ 327.67 s。

② 积算定时器。

● T246 ~ T249：时钟脉冲为 1 ms 的积算定时器，设置范围为 0.001 ~ 32.767 s。

● T250 ~ T255：时钟脉冲为 100 ms 的积算定时器，设置范围为 0.1 ~ 3 267.7 s。

积算定时器的意义：当控制积算定时器的回路接通时，定时器开始计算延时时间，当设置时间到时定时器动作，如果在定时器未动作之前控制回路断开或失电，积算定时器能保持已经计算的时间，待控制回路重新接通时，积算定时器从已积算的值开始计算。积算定时器可以用 RST 命令复位。

（6）计数器 C：

① 16 位加计数器。

● C0 ~ C99（100 点）：通用型。

- C100 ~ C199（100 点）：失电保持型。

设置值范围：K1 ~ K32767。

② 32 位可逆计数器。

- C200 ~ C219（20 点）：通用型。
- C220 ~ C234（15 点）：失电保持型。

设置值范围：– 2 147 483 648 ~ + 2 147 483 647。

可逆计数器的计数方向（加计数或减计数）由特殊辅助继电器 M8200 ~ M8234 设置，即特殊辅助继电器接通时做减计数，当特殊辅助继电器断开时做加计数。

③ 高速计数器：C235 ~ C255 共 21 点，共享 PLC 上 6 个高速计数器输入（X0 ~ X5）。高速计数器按中断原则运行。

（7）数据寄存器 D：

① D0 ~ D199（200 只）：通用型数据寄存器，即失电时全部数据均清零。

② D200 – – D511（312 只）：失电保护型数据寄存器。

（8）变址寄存器：通常用于修改元件的编号。V0 ~ V7、Z0 ~ Z7 共 16 点 16 位变址数据寄存器。

（9）常数。常数的表示：

① 十进制常数用 K 表示，如常数 123 表示为 K123。

② 十六进制常数则用 H 表示，如常数 345 表示为 H531。

FX 系列 PLC 的常数范围为：

16 位，K：– 32 768 ~ 32 767　　　　　　H：0000 ~ FFFFH

32 位，K：– 214 7483 648 ~ 2 147 483 647　　　H：00000000 ~ FFFFFFFF

四、自主练习

试比较 PLC 控制与其他电气控制技术的区别。

任务二　FX2N 系列 PLC 编程软件的使用

一、工作任务

（1）熟悉 GX Developer 8 软件的安装方法。

（2）掌握 GX Developer 8 软件的使用方法。

（3）掌握 PLC 程序传送和调试方法。

（4）掌握 PLC 基本指令梯形图或语句表程序的编辑方法。

二、相关知识

（一）软件概述

GX Developer 是三菱公司推出的通用性较强的编程软件，它能够完成 Q 系列、QnA 系列、A 系列（包括运动控制 CPU）、FX 系列 PLC 梯形图、指令表、SFC 等的编辑。该编程软件能够将编辑的程序转换成 GPPQ、GPPA 格式的文档。当选择 FX 系列时，还能将程序存储为

FXGP（DOS）、FXGP（WIN）格式的文档，以实现与 FX – GP/WIN – C 软件的文件互换。该编程软件能够将 Excel、Word 等软件编辑的说明性文字、数据，通过复制、粘贴等简单操作导入程序中，使软件的使用、程序的编辑更加便捷。

1. GX Developer 软件的安装

（1）未安装过本软件的系统中安装时需先安装：GX Developer 8.26C\SW8D5C – GPPW – C\GX8.0 QSS_Support\EnvMEL\SETUP.EXE，双击 SETUP.EXE 按照向导提示单击"下一步"按钮安装即可。

（2）安装完成后再双击：GX – Developer8.26C\SW8D5C – GPPW – C\GX8.0 QSS_Support\SETUP.EXE，按照向导提示完成安装，重新启动计算机即可使用。

2. 编程操作的准备工作

（1）检查 PLC 与计算机的连接是否正确，计算机的 RS – 232 串行口与 PLC 之间是否用指定的线缆及转换器连接。

（2）PLC 面板上的开关应处于 STOP 状态。

（3）接通计算机和 PLC 的电源。

3. 操作界面

GX Developer 编程软件的操作界面如图 2-2-1 所示，该操作界面大致由菜单栏、工具栏、编程区、工程参数列表、状态栏等部分组成。需要特别注意的是在 GX Developer 编程软件中称编辑的程序为工程。

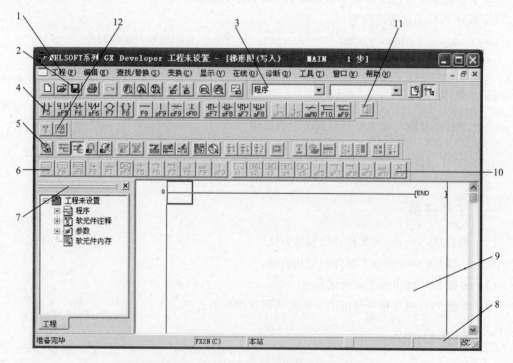

图 2-2-1　GX Develop 编程软件操作界面图

图 2-2-1 中引出线所示的名称、说明如表 2-2-1 所示。

表 2-2-1　GX Developer 编程软件操作界面各部分的名称、内容

序　号	名　称	说　明
1	菜单栏	包含工程、编辑、查找/替换、变换、显示、在线、诊断、工具、窗口、帮助，共 10 个菜单
2	标准工具栏	由"工程"菜单、"编辑"菜单、"查找/替换"菜单、"在线"菜单、"工具"菜单中常用的功能组成
3	数据切换工具栏	可在程序、参数、注释、编程元件内存这 4 个项目中切换
4	梯形图标记工具栏	包含梯形图编辑所需要使用的常开触点、常闭触点、应用指令等内容
5	程序工具栏	可进行梯形图模式、指令表模式的转换；进行读出模式、写入模式、监视模式、监视写入模式的转换
6	SFC 工具栏	可对 SFC 程序进行块变换、块信息设置、排序、块监视操作
7	工程参数列表	显示程序、编程元件注释、参数、编程元件内存等内容，可实现这些项目的数据的设置
8	状态栏	提示当前的操作；显示 PLC 类型以及当前操作状态等
9	操作编辑区	完成程序的编辑、修改、监控等的区域
10	SFC 符号工具栏	包含 SFC 程序编辑所需要使用的步、块启动步、选择合并、平行等功能键
11	编程元件内存工具栏	进行编程元件的内存设置
12	注释工具栏	可设置注释范围或对公共/各程序的注释进行设置

4. PLC 参数设置

通常选定 PLC 后，在开始程序编辑前都需要根据所选择的 PLC 进行必要的参数设置，否则会影响程序的正常编辑。PLC 的参数设置包含 PLC 名称设置、PLC 系统设置、PLC 文件设置等 12 项内容，不同型号的 PLC 需要设置的内容是有区别的。

（二）程序的编辑与调试

1. 程序操作

（1）新建工程：双击 GX Developer 图标启动软件，从菜单栏中选择"工程"→"创建新工程"命令，弹出"创建新工程"对话框，选择 PLC 系列、类型并设置工程名和保存的路径，单击"确定"按钮创建一个新的工程。

可以单击工具栏中的"新建"按钮来新建一个工程文件。

（2）打开现有工程：启动 GX Developer 软件后，在菜单栏中选择"工程"→"打开工程"命令，弹出"打开工程"对话框，选择要打开的工程，单击"打开"按钮即可。

（3）显示：在使用 GX Developer 编程软件时，常用的显示形式有两种：一种是"指令表"；另一种是"梯形图"。在"显示"菜单中选择"列表"命令，则为指令表显示；选择"梯形图"命令，则为梯形图显示，两者可随时切换。

2. 编辑程序

（1）输入编程元件：在 GX Developer 编程软件中，编程元件的输入方法有两种：梯形图输入和指令表输入。

（2）输入指令表：在 GX Developer 编程软件中，将界面切换到指令表输入界面，双击每一行，会弹出一个列表输入菜单，在该菜单的输入处直接输入指令即可将指令输入到工程中。

（3）输入梯形图：在 GX Developer 编程软件中，首先选择"梯形图显示"将界面切换到

项目（二）　认识可编程控制器

梯形图输入界面，在需要输入梯形图的位置，直接输入指令，单击"确定"按钮即可将与语句表对应的梯形图绘制到工程中。或者在"梯形图标记工具栏"中，单击要录入的梯形图符号，会弹出一个梯形图输入菜单，在该菜单的输入处直接输入指令即可将梯形图输入到工程中。

（4）编辑程序元素：通过拖动鼠标，用户可以选择多个相邻的网络，用于剪切、复制、粘贴或删除选项。其操作方法与普通文档相同。

（5）使用查找/替换功能：能够方便快捷地对程序中的元件、参数以及网络等进行查看、编辑和修改。GX Developer 编程软件为用户提供了查找功能，选择查找功能时，可以通过以下两种方式来实现，如图 2-2-2 所示。

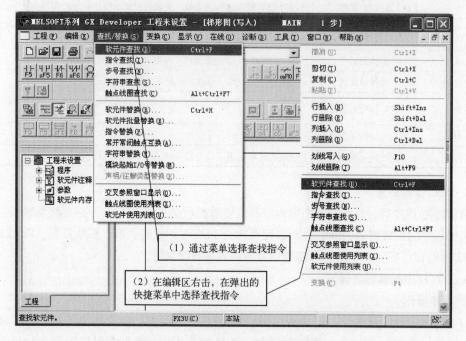

图 2-2-2　选择查找指令的两种方式

此外，该软件还新增了替代功能，这为程序的编辑、修改提供了极大的便利。

根据替换对象的不同，可在"查找/替换"菜单中选择软元件替换、指令替换、常开常闭触点互换、字符串替换等指令。下面介绍常用的几个替换命令。

①"软元件替换"／"软元件批量替换"命令：可以用一个或连续几个元件替换旧元件，在实际操作过程中，可根据用户的需要或操作习惯替换点数、查找方向等，方便用户操作。

操作步骤：

● 在菜单中选择"查找/替换"→"软元件替换"命令，弹出"软元件替换"对话框，如图 2-2-3 所示。

● 在"旧软元件"文本框中输入将被替换的元件名。

● 在"新软元件"文本框中输入新的元件名。

● 根据需要设置查找方向、替换点数、数据类型等。

● 执行替换操作，可完成全部替换、逐个替换、选择替换。

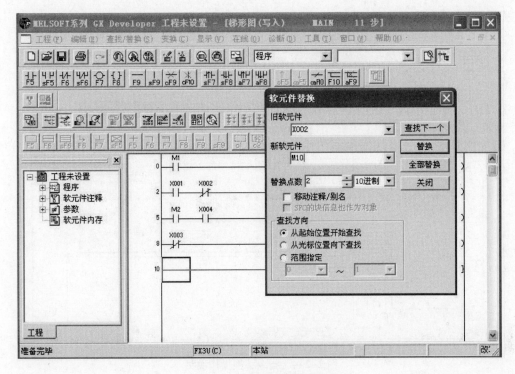

图 2-2-3　编程元件替换操作

说明：

- 替换点数：例如，当在"旧软元件"文本框中输入 X002，在"新软元件"文本框中输入 M10 且"替换点数"设置为 3 时，执行该操作的结果：X002 替换为 M10；X003 替换为 M11；X004 替换为 M12。此外，设置替换点数时可选择输入的数据为十进制或十六进制的。

- 移动注释/别名：在替换过程中可以选择注释/别名不跟随旧元件移动，而是留在原位成为新元件的注释/别名；当选中该选项时，则说明注释/别名将跟随旧元件移动。

- 查找方向：可选择从起始位置开始查找、从光标位置向下查找、在设置的范围内查找。

②"指令替换"命令：可以用一个新的指令替换旧指令，在实际操作过程中，可根据用户的需要或操作习惯设置替换类型、查找方向，方便用户操作。

操作步骤：

- 在菜单栏中选择"查找/替换"→"替换"命令，弹出"指令替换"对话框，如图 2-2-4 所示。

- 选择旧指令的类型（常开、常闭），输入元件名。

- 选择新指令的类型，输入元件名。

- 根据需要可以对查找方向、查找范围进行设置。

- 执行替换操作，可完成全部替换、逐个替换、选择替换。

③"常开常闭触点互换"命令：可以将一个或连续若干个软元件的常开、常闭触点进行互换，该操作为修改程序提供了极大的方便，避免因遗漏导致个别软元件未能修改而产生的错误。

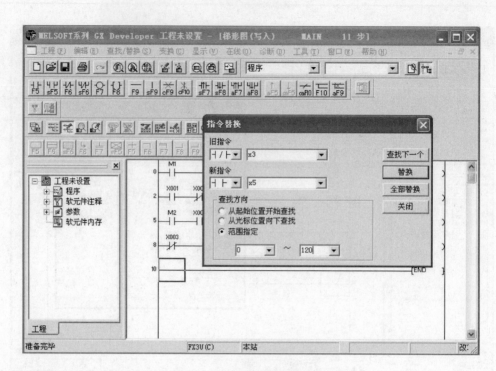

图 2-2-4　指令替换操作说明

操作步骤：

● 在菜单栏中选择"查找/替换"→"常开常闭触点互换"命令，弹出"常开常闭触点互换"对话框，如图 2-2-5 所示。

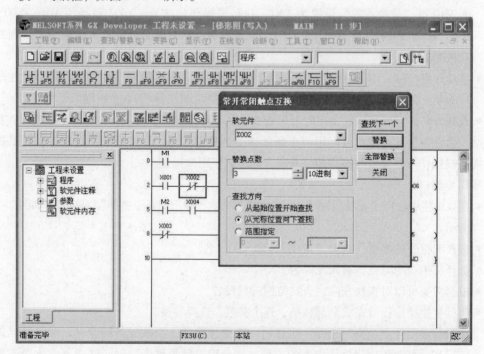

图 2-2-5　常开/常闭触点互换操作说明

- 输入元件名。
- 根据需要对查找方向、替换点数等进行设置。这里的替换点数与软元件替换中的替换点数的使用和含义相同。
- 执行替换操作，可完成全部替换、逐个替换、选择替换。

程序编辑完成后，可以选择"在线"→"PLC 写入"命令，将用户程序下载到 PLC 中。

3. 调试及运行监控

GX Developer 编程软件提供了两种不同的模式，可使用户直接在软件环境下对当前各个软元件的运行状态和当前性质进行监控，并调试用户程序。

（1）监视模式：在菜单栏中选择"在线"→"监视"→"监视模式"命令，进入监视模式，此时可实时监视程序的运行状态。

（2）监视写入模式：在菜单栏中选择"在线"→"监视"→"监视写入模式"命令，进入监视写入模式，此时不仅可实时监视程序的运行状态，还可在监视的同时将要更改的程序直接下载到 PLC 主机，实现监视写入的功能。

三、任务实施

1. 安装软件环境

安装 GX Developer 编程软件，依据下文的步骤，在 PLC 实训台上完成梯形图的编辑、传送和调试。

2. 任务实训

（1）新建工程：启动 GX Developer 编程软件，建立一个程序文件，以"学号 + 姓名"为文件名。

（2）编辑程序：采用梯形图编程的方法，将图 2-2-6 所示的梯形图程序输入计算机，检查后，将编辑好的程序保存至磁盘。

在已编制保存的程序中，试删除语句表第 2 条程序，再用插入的方法恢复第 2 条程序。

在菜单栏中选择"工具"→"程序检查"命令，检查是否有语法错误、双线圈错误和电路错误。

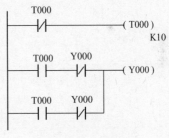

图 2-2-6 梯形图

（3）程序的传送：将应用程序写入 PLC。选择"在线"
→"PLC 写入"命令。在"写入"对话框中选择"文件选择"菜单，选择主程序，在"序"菜单中设置程序范围，单击"确定"按钮，将程序写入到 PLC 中。

（4）程序的运行：

① 将 PLC 的输入/输出端与外部模拟信号连接好。

② 将 PLC 设置为 RUN 状态，此时 PLC 的 Y000 输出指示灯亮 1 秒、灭 1 秒，不停闪烁。

（5）程序监视：

① 在菜单栏中选择"工具"→"选项"→"变换"命令后，PLC 运行"写入"命令，则在程序运行过程中随时写入更改后的程序。

② 在菜单栏中选择"在线"→"监视"→"监视（写入模式）"命令，监控 T000 及 Y000 元件。

项目 二 认识可编程控制器

在梯形图中，将定时器的时间常数改为2 s，并观察Y000闪烁周期是否发生变化。

（6）注意：

① 软件设置过程中要随时保存参数设置。

② 程序输入过程中要随时保存，并将程序保存在磁盘系统分区以外，注意保存路径的修改。

③ 注意观察输入/输出的变化和程序中的监视功能。

3. 检查与评估

（1）检查GX Developer编程软件的安装是否正确，软件可否正常使用。

（2）检查梯形图和指令表的编辑是否正确。

（3）检查软件的设置是否正确，程序能否正常传送、调试。

（4）检查现象是否正确。

四、自主练习

分别用梯形图编辑方法和指令标编辑方法输入自定义的梯形图程序，将文件名命名为002，并试运行"程序检查"命令。检查是否有语法错误、双线圈错误和电路错误。

基本指令及其应用

基本指令是 PLC 中最基本的编程语言，掌握了它也就初步掌握了 PLC 的使用方法。本项目以三菱公司 FX2N 系列 PLC 为例，逐条学习其指令的功能和使用方法。每条指令及其应用实例都以梯形图和指令表两种编程语言对照说明。

教学目的

(1) 掌握三菱公司 FX 系列 PLC 的基本指令。
(2) 掌握指令表和梯形图之间的相互转换。
(3) 掌握步进指令与顺序功能图的编写。

教学内容

(1) 基本指令介绍。
(2) 梯形图编写方法。
(3) 指令表语言。
(4) 步进指令与顺序功能图。

教学重点

基本指令的运用。

教学难点

顺序功能图的编写。

任务一　电动机单向起停控制

一、工作任务

将三相异步电动机直接启动的继电–接触控制系统（电气原理图见图 1–1–14）改为 PLC 控制。具体设计要求：按下启动按钮 SB2 时，电动机启动并自锁；按下停止按钮 SB1 或热继电器 FR 动作时，电动机停止转动。

二、相关知识

PLC 编程语言中最常采用的是梯形图和指令表语言。本书以 FX 系列的 FX2N 为例介绍基本指令。

（一）逻辑取及驱动线圈指令

逻辑取及驱动线圈指令（LD/LDI/OUT）助记符及其功能如表3-1-1所示。

表3-1-1　逻辑取及驱动线圈指令表

符号（名称）	功　能	梯形图表示	操作元件	程　序　步
LD（取）	常开触点与母线相连	⊣⊢	X、Y、M、T、C、S	1
LDI（取反）	常闭触点与母线相连	⊣/⊢	X、Y、M、T、C、S	1
OUT（输出）	线圈驱动	─( )─	Y、M、T、C、S、F	Y、M：1 S、M（特）：2 T：3 C：3-5

指令说明：

（1）LD与LDI指令用于与母线相连的接点，此外还可用于分支电路的起点。

（2）OUT指令是线圈的驱动指令，可用于输出继电器、辅助继电器、定时器、计数器、状态寄存器等，但不能用于输入继电器。

（3）OUT输出指令用于并行输出，能连续使用多次。如图3-1-1所示，梯形图中输出Y000，紧接着输出M0。

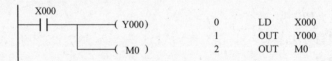

```
X000
 ⊣⊢          ( Y000 )      0    LD    X000
                           1    OUT   Y000
             ( M0 )        2    OUT   M0
```

图3-1-1　OUT指令并行多次输出

（二）触点串联指令和并联指令

触点串联指令（AND/ANI）和并联指令（OR/ORI）指令助记符及其功能如表3-1-2所示。

表3-1-2　触点串联指令、并联指令表

符号（名称）	功　能	梯形图表示	操作元件
AND（与）	常开触点串联连接	⊣⊢·⊣⊢	X、Y、M、T、C、S
ANI（与非）	常闭触点串联连接	⊣⊢·⊣/⊢	X、Y、M、T、C、S
OR（或）	常开触点并联连接	⊣⊢	X、Y、M、T、C、S
ORI（或非）	常闭触点并联连接	⊣/⊢	X、Y、M、T、C、S

指令说明：

（1）使用AND、ANI指令可进行一个触点与前面电路的串联连接。串联触点的数量不受限制，该指令可多次使用。

（2）OR、ORI指令可进行一个触点与上面电路的并联连接。并联触点的数量不受限制，该指令可多次使用。

AND、ANI 指令，OR、ORI 指令应用举例如图 3-1-2 所示。

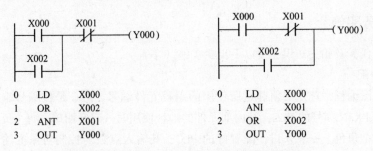

图 3-1-2　AND、ANI、OR、ORI 指令应用举例

（三）置位指令和复位指令

置位指令（SET）和复位指令（RST）指令助记符及其功能如表 3-1-3 所示。

表 3-1-3　置位指令和复位指令表

符号（名称）	功　　能	梯形图表示	操作元件
SET（置位）	动作保持	⊢⊣——[SET Y000]	Y、M、S
RST（复位）	消除动作保持，寄存器清零	⊢⊣——[RST Y000]	Y、M、S、T、C、D、V、Z

（四）END 指令

END 指令是表示程序结束的指令。该指令常用于两种情况：一是在程序结束时，通过 END 指令使得 PLC 扫描周期中的程序执行阶段及时结束，尽快进入输出刷新阶段以减少扫描周期时间；二是逐段调试程序时使用。

（五）PLC 的编程原则

PLC 编程应遵循以下基本规则：

（1）输入/输出继电器、辅助继电器、定时器、计数器等软元件的触点可以多次重复使用，无须复杂的程序结构来减少触点的使用次数。

（2）梯形图每一行都是从左母线开始，线圈止于右母线。触点不能直接接右母线；线圈不能直接接左母线。

（3）梯形图的触点可以任意串联、并联，而输出的线圈可以并联但不能串联。

（4）触点应在水平线上，不能在垂直线上。图 3-1-3 所示为错误梯形图。

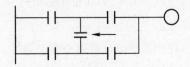

图 3-1-3　错误梯形图举例

（5）在程序编写中一般不允许双重线圈输出，步进顺序控制除外。

（6）PLC 程序编写中所有的继电器的编号都应在所选 PLC 软元件列表范围内。

（7）梯形图中不存在输入继电器的线圈。

（8）结束时应有结束符。

三、任务实施

根据工作任务及相关知识，按以下步骤实施。

1. I/O 分配

利用梯形图编程，首先必须确定所使用的编程元件编号，PLC 是按编号来区别操作元件的。这里选用 FX2N 型号的 PLC，其内部元件的地址使用时一定要明确，每个元件在同一时刻决不能担任几个角色。一般来讲，配置好的 PLC，其输入点数与控制对象的输入信号数总是对应的，输出点数与输出的控制回路数也是对应的（如果有模拟量，则模拟量的路数与实际的也要相当），故 I/O 的分配实际上是把 PLC 的输入、输出点号分给实际的 I/O 电路，编程时按点号建立逻辑或控制关系，接线时按点号"对号入座"进行接线。

根据任务控制要求分析，输入 3 个信号：启动按钮 SB1 控制信号、停止按钮 SB2 控制信号以及热继电器触点 FR 的检测信号；输出信号有 1 个，即接触器线圈控制信号。电动机的启动、自锁、停止系统 I/O 分配如表 3-1-4 所示。

表 3-1-4　电动机的启动、自锁、停止系统 I/O 分配表

输入信号			输出信号		
序号	PLC 输入点	信号名称	序号	PLC 输出点	信号名称
1	X000	启动按钮 SB1	1	Y000	电动机控制线圈 KM
2	X001	停止按钮 SB2			
3	X002	热继电器 FR			

该系统的 I/O 接线图如图 3-1-4 所示。

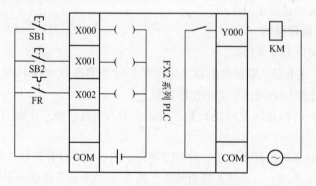

图 3-1-4　PLC 硬件接线图

2. PLC 编程

单台电动机的启动、自锁、停止系统设计可以有多个方案。

（1）方案一（见图 3-1-5）：

工作过程：按下启动按钮 SB1 后，X000 为 ON，其常开触点接通，SB2 未动，X001 常闭触点保持闭合，所以 Y000 "线圈"得电，输出信号使电动机控制线圈 KM 得电，KM 主触点控制的电动机启动。Y000 的常开触点得电，自锁，即使松开 SB1，X000 变为 OFF，Y000 "线圈"仍旧得电，电动机保持运转。

0	LD	X000
1	OR	Y000
2	ANI	X001
3	ANI	X002
4	OUT	Y000
5	END	

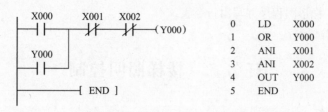

图 3-1-5　电动机启动、自锁、停止控制系统程序（一）

按下停止按钮 SB2 后，X001 的常闭触点断开，Y000“线圈”失电，Y000 常开触点断开，电动机停止运转。

（2）方案二（见图 3-1-6）：

0	LD	X000
1	SET	Y000
2	LD	X001
3	AND	X002
4	RST	Y000
5	END	

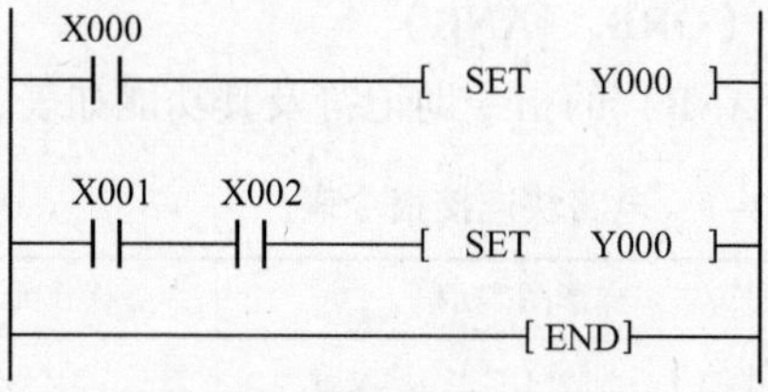

图 3-1-6　电动机启动、自锁、停止控制系统程序（二）

工作过程：按下启动按钮 SB1 后，X000 为 ON，接通后，即使它再次变为 OFF，因 SET 的置位作用，Y000 依然被吸合，电动机持续运转。

按下停止按钮 SB2 后，X001 接通后，即使它再次变为 OFF，因 RST 的复位作用，Y000 仍然是释放状态，电动机停止运转。

比较以上两个方案可以看出，方案二利用 SET、RST 指令梯形图环节更为简洁，但是方案一外形与继电器控制电路外形一致，从而大多时候仍旧习惯性地使用。

3. 调试运行

（1）根据 I/O 接线图连接线路。

（2）用 GX Developer 软件编写程序，并下载到 PLC，运行。

（3）按控制按钮，观察电动机是否正常启动、停止。

4. 检查与评估

（1）检查 I/O 接线是否正确，I/O 设备是否正常使用。

（2）检查梯形图和指令表的编辑是否正确。

（3）检查现象是否正确。

四、自主练习

设计单台电动机的正反转控制电路。

控制要求：按下正转按钮 SB2，电动机正转；按下反转按钮 SB3，电动机反转。电动机禁止同时正反转。按下停止按钮 SB1，电动机停止运转。要求有电气互锁与机械互锁。（三相异步电动机正反转的继电－接触控制电气原理图参考图 1-2-4）

要求按以下步骤设计并实训：

（1）列 I/O 分配表。

（2）编写 PLC 梯形图程序并写出指令表。

（3）安装并调试运行。

任务二　楼梯照明控制

一、工作任务

楼梯间电灯控制：楼上楼下分别有两个开关 A、B，它们共同控制电灯 HL。在楼下按开关 A 可以开灯，当上楼后按开关 B 可以关灯，反之亦然。

二、相关知识

（一）电路块的并联和串联指令 （ORB、 ANB）

电路块的并联和串联指令（ORB、ANB）的指令助记符及其功能如表 3-2-1 所示。

表 3-2-1　电路块连接指令表

符号（名称）	功 能	梯形图表示	操作元件	程序步
ANB（块与）	电路块串联连接		无	1
ORB（块或）	电路块并联连接		无	1

指令说明：

（1）ANB 用于电路块与前面电路串联。电路块的分支用 LD、LDI 指令，结束用 ANB 指令表示与前面电路串联，应用举例如图 3-2-1 所示。

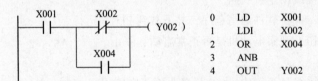

图 3-2-1　ANB 电路块串联指令应用举例

（2）ORB 用于电路块与上面电路的并联。电路块的分支用 LD、LDI 指令，结束用 ORB 指令表示与上面电路并联，应用举例如图 3-2-2 所示。

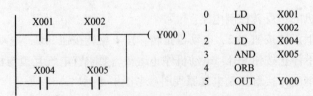

图 3-2-2　ANB 电路块串联指令应用举例

（3）ANB、ORB 指令间断使用次数不限，集中使用不允许超过 8 次。集中应用举例如图 3-2-3 所示。

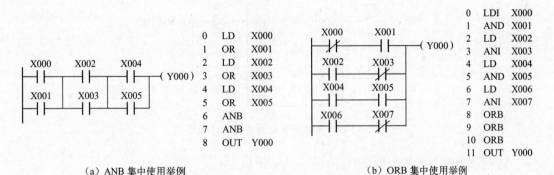

（a）ANB 集中使用举例　　　　　　　　　　（b）ORB 集中使用举例

图 3-2-3　ANB、ORB 指令集中使用举例

（4）ANB、ORB 指令均无操作元件。

（二）梯形图的设计原则

梯形图设计原则：少用或尽量不用 ANB、ORB 指令，通过变换梯形图可以节省指令，如图 3-2-4 所示。程序的编写应按照自上而下、从左到右的方式。为了减少程序的执行步数，程序应"左大右小、上大下小"，尽量不出现电路块在右边或下边的情况。

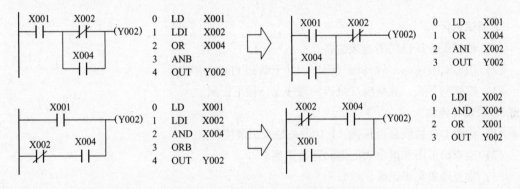

图 3-2-4　梯形图变换简化指令示意图

三、任务实施

1. 楼梯照明控制系统设计

（1）根据任务要求，分析输入信号有两个：楼下开关 A；楼上开关 B。输出信号有一个，即楼梯间电灯 HL。分配 I/O 地址如表 3-2-2 所示。

表 3-2-2　楼梯照明控制系统 I/O 分配表

输入信号			输出信号		
序号	PLC 输入点	信号名称	序号	PLC 输出点	信号名称
1	X000	楼下开关 A	1	Y000	楼梯间电灯 HL
2	X001	楼上开关 B			

该系统的 I/O 接线图如图 3-2-5 所示。

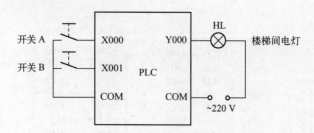

图 3-2-5　楼梯照明控制系统 I/O 接线图

（2）系统程序梯形图与指令语言如图 3-2-6 所示。

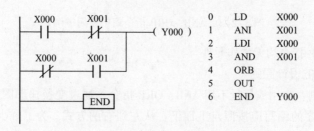

0	LD	X000
1	ANI	X001
2	LDI	X000
3	AND	X001
4	ORB	
5	OUT	
6	END	Y000

图 3-2-6　楼梯照明控制系统程序设计

2. 调试运行

（1）根据图 I/O 接线图连接线路。

（2）用 GX Developer 软件编写程序，并下载到 PLC，运行。

（3）按控制开关，观察电灯是否实现楼上、楼下控制。

3. 检查与评估

（1）检查 I/O 接线是否正确，I/O 设备是否正常使用。

（2）检查梯形图和指令表的编辑是否正确。

（3）检查现象是否正确。

四、自主练习

（1）根据指令绘制梯形图。

0	LD	X000
1	AND	X001
2	LD	X002
3	AND	X003
4	ORB	
5	LDI	X004
6	AND	X005
7	ORB	
8	OUT	Y000

（2）根据梯形图编制指令表，梯形图如图3-2-7所示。

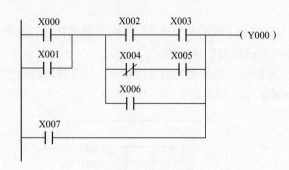

图 3-2-7　练习题 2

（3）将继电－接触控制的点动控制改造为 PLC 控制。

任务三　电动机Ｙ-△降压启动控制

一、工作任务

电动机的Ｙ-△降压启动的继电－接触控制电气原理如图1-3-4所示。当按下启动按钮 SB2 时，接触器 KM1、KM3 得电，电动机星形（Ｙ）启动。同时，时间继电器得电开始计时，计时3 s 后，KM3 断电，KM1、KM2 得电，电动机三角形（△）运行。当按下停止按钮 SB1 时，电动机停止运转。

试将图1-3-4所示的继电－接触控制改造为 PLC 控制。

二、相关知识

（一）多重输出电路指令

多重输出电路指令的指令助记符及其功能如表3-3-1所示。

表 3-3-1　多重输出电路指令表

符号（名称）	功　能	梯形图表示	操作元件	程序步
MPS（进栈）	将逻辑运算结果存入栈存储器		无	1
MRD（读栈）	读出栈存储器结果	MPS MRD	无	1
MPP（出栈）	取出栈存储器结果并清除	MPP	无	1

指令说明：

（1）MPS、MRD、MPP 这组指令的功能是将连接点的结果存储起来，以方便连接点后面电路的编程。在 FX 系列 PLC 中有 11 个存储器，用来存储运算的中间结果，称为栈存储器。使用一次 MPS 指令就将此时刻的运算结果送入栈存储器的第 1 段；再使用 MPS 指令，又将此时刻的运算结果送入栈存储器的第 1 段，而将原先存入第 1 段的数据移到第 2 段，依此类推。

（2）使用 MPP 指令，将最上段的数据读出，同时该数据从栈存储器中消失，下面的各段数据顺序向上移动，即"后进先出"的原则。

（3）MRD 是读出最上段所存最新数据的专用指令，栈存储器内的数据不发生移动。

指令功能示意图如图 3-3-1 所示。

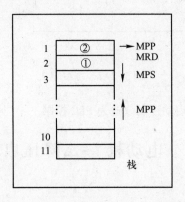

图 3-3-1　MPP、MRD、MPS 功能示意图

（4）使用多重输出电路指令时注意以下事项：

① MPS、MRD、MPP 指令无操作软元件。

② MPS、MPP 指令必须成对出现，MPS 指令连续使用次数不能超过 11 次。

③ 若进栈 MPS 指令后仅有两条不同支路驱动两个不同继电器（线圈），则不使用读栈指令 MRD，仅用 MPS、MPP 指令。

④ MPS 指令、MRD 指令、MPP 指令后，可以不经任何触点而直接驱动继电器（线圈），使用 OUT 指令。此时不同于主控 MC 指令。

⑤ MPS、MRD、MPP 指令之后若有单个常开或常闭触点串联，则应该使用 AND 或 ANI 指令。应用举例如图 3-3-2 所示。

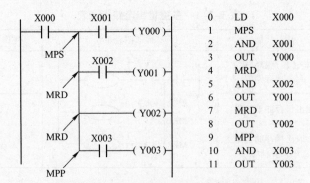

图 3-3-2　MPP、MRD、MPS 指令应用举例 1

⑥ MPS、MRD、MPP 指令之后若有触点组成的电路块串联，则应该使用 ANB 指令；若不用 ANB 指令，则会出现控制逻辑错误。应用举例如图 3-3-3 所示。

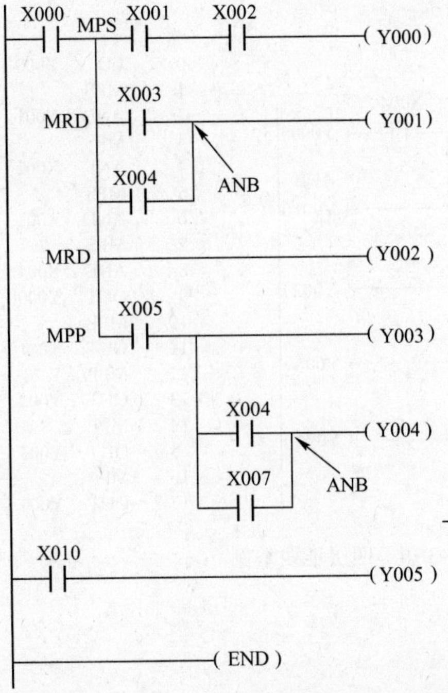

```
X000  MPS  X001    X002
─┤├──────┤├──────┤├─────────────( Y000 )        0    LD    X000
│                                               1    MPS   （进栈）
│         X003                                  2    AND   X001
MRD ─────┤├─────────────────────( Y001 )        3    AND   X002
│                        ANB                    4    OUT   Y000
│         X004                                  5    MRD   （读栈）
├────────┤├──────                              6    LD    X003
│                                               7    OR    X004
MRD ────────────────────────────( Y002 ) ───►  8    ANB
│                                               9    OUT   Y001
│         X005                                  10   MRD   （读栈）
MPP ─────┤├─────────────────────( Y003 )        11   OUT   Y002
│                                               12   MPP   （出栈）
│                 X004                          13   AND   X005
│                ─┤├─────────────( Y004 )       14   OUT   Y003
│                 X007                          15   LD    X006
│                ─┤├──── ANB                    16   OR    X007
│                                        ───►   17   ANB
│                                               18   OUT   Y004
│  X010                                         19   LD    X010
├─┤├────────────────────────────( Y005 )        20   OUT   Y005
│                                               21   END
└────────────────────────────────( END )
```

图 3-3-3　MPP、MRD、MPS 指令应用举例 2

（二）拓展知识

MPP、MRD、MPS 指令使用时可以有多层堆栈。

（1）一层堆栈，举例如图 3-3-4 所示。

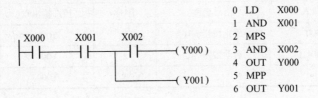

```
X000    X001    X002                    0    LD    X000
─┤├─────┤├─────┤├────────( Y000 )       1    AND   X001
│                                       2    MPS
│                                       3    AND   X002
└───────────────────────( Y001）        4    OUT   Y000
                                        5    MPP
                                        6    OUT   Y001
```

图 3-3-4　一层堆栈举例

（2）两层堆栈，举例如图 3-3-5 所示。

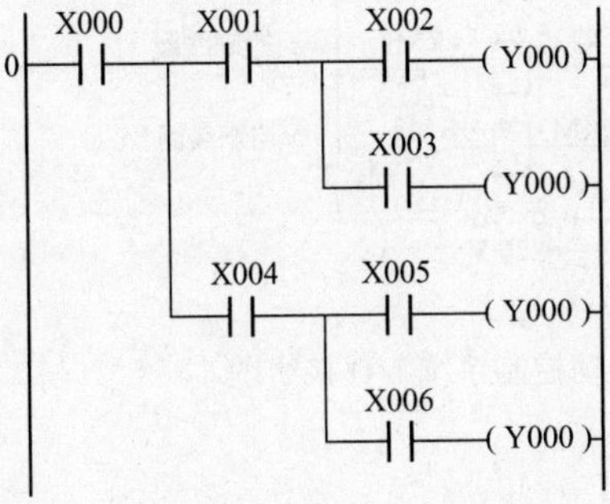

```
     X000    X001    X002
0  ─┤├─────┤├─────┤├────( Y000）      0   LD   X000      9    MPP
   │               │                 1   MPS            10   AND   X004
   │               │ X003            2   AND  X001      11   MPS
   │               └─┤├──( Y000）     3   MPS            12   AND   X005
   │ X004    X005                    4   AND  X002      13   OUT   Y002
   └─┤├─────┤├──────────( Y000）      5   OUT  Y000      14   MPP
                   │                 6   MPP            15   AND   X006
                   │ X006            7   AND  X003      16   OUT   Y003
                   └─┤├──( Y000）     8   OUT  Y001
```

图 3-3-5　两层堆栈举例

（3）4 层堆栈，举例如图 3-3-6 所示。

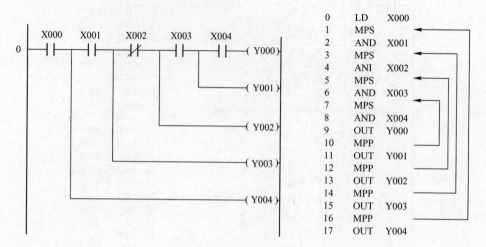

图 3-3-6 四层堆栈举例

三、任务实施

1. I/O 分配

根据任务分析，输入两个信号：停止按钮 SB1；启动按钮 SB2；输出 3 个信号，即电动机控制线圈 KM1、丫形控制线圈 KM2、△控制线圈 KM3。分配 I/O 地址如表 3-3-2 所示。

表 3-3-2 电动机丫 - △降压启动控制系统 I/O 分配表

输 入 信 号			输 出 信 号		
序号	PLC 输入点	信号名称	序号	PLC 输出点	信号名称
1	X000	停止按钮 SB1	1	Y000	电动机控制线圈 KM1
2	X001	启动按钮 SB2	2	Y001	丫控制线圈 KM2
			3	Y002	△控制线圈 KM3

该系统的 I/O 接线图如图 3-3-7 所示。

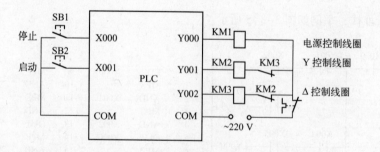

图 3-3-7 电动机丫 - △降压启动控制系统 I/O 接线图

2. 系统程序梯形图与指令语言

系统程序梯形图与指令语言如图 3-3-8 所示。

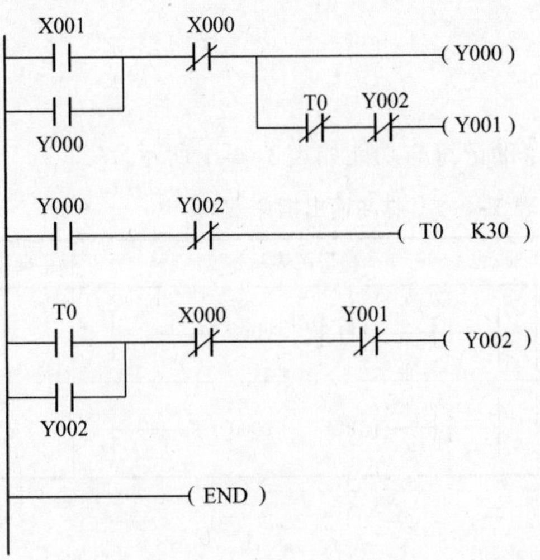

```
X001      X000                              (Y000)
 ┤├────────┤/├─────────────────────
                                            0   LD    X001
Y000                     T0    Y002         1   OR    Y000
 ┤├──────────────────────┤/├───┤/├───(Y001) 2   ANI   X000
                                            3   OUT   Y000
                                            4   ANI   T0
Y000      Y002                              5   ANI   Y002
 ┤├────────┤/├─────────────────( T0   K30 ) 6   OUT   Y001
                                            7   LD    Y000
                                            8   ANI   Y002
T0        X000          Y001                9   OUT   T0
 ┤├────────┤/├──────────┤/├──────────(Y002)              K30
                                            10  LD    C0
Y002                                        11  OR    Y002
 ┤├                                         12  ANI   X000
                                            13  ANI   Y001
                                            14  OUT   Y002
                        ( END )             15  END
```

图 3-3-8　电动机丫-△降压启动控制系统程序设计

3. 调试运行

（1）根据 I/O 接线图连接线路。

（2）用 GX Developer 软件编写程序，并下载到 PLC，运行。

（3）按控制开关，观察电动机是否丫-△降压启动。首先按启动按钮 SB2，接触器 KM1、KM2 得电，电动机丫形启动。3 s 后，KM2 失电，KM1、KM3 得电，电动机△运行。当按下停止按钮 SB1 时，电动机停止运行。

4. 检查与评估

（1）检查 I/O 接线是否正确、规范，I/O 设备是否正常使用。

（2）检查梯形图和指令表的编辑是否正确。

（3）检查现象是否正确。

四、自主练习

（1）有一个指示灯，控制要求为：按下启动按钮后，亮 5 s 灭 5 s，重复 5 次后停止，试设计梯形图。

（2）两台电动机的顺序控制：按下启动按钮，电动机 M1 启动，5 s 后 M2 启动；按下停止按钮，两台电动机同时停止。

（3）两台电动机的顺序控制：按下启动按钮，电动机 M1 启动，5 s 后电动机 M2 启动；按下停止按钮，电动机 M2 先停，2 s 后电动机 M1 停止。

任务四　单按钮长动控制电路

一、工作任务

单个控制按钮实现单台电动机的连续工作。

二、相关知识

（一）脉冲输出指令

脉冲输出指令 PLS、PLF 的指令助记符与功能如表 3-4-1 所示。

表 3-4-1 脉冲输出指令表

符号（名称）	功 能	梯形图表示	操作元件	程序步
PLS 上升沿脉冲	上升沿微分输出	├─┤ ├──┤ PLS Y000 ├─	Y、M	2
PLF 下将沿脉冲	下降沿微分输出	├─┤ ├──┤ PLF Y000 ├─	Y、M	2

指令说明：

（1）使用 PLS 指令时，仅在驱动输入 ON 后 1 个扫描周期内，软元件 Y、M 动作。

（2）使用 PLF 指令时，仅在驱动输入 OFF 后 1 个扫描周期内，软元件 Y、M 动作。

（二）脉冲式触点指令

脉冲式触点指令的助记符与功能如表 3-4-2 所示。

表 3-4-2 脉冲式触点输出指令表

符号（名称）	功 能	操 作 元 件	程序步
LDP 取脉冲	上升沿检测运算开始	X、Y、M、S、T、C	1
LDF 取脉冲	下降沿检测运算开始	X、Y、M、S、T、C	1
ANDP 与脉冲	上升沿检测串联连接	X、Y、M、S、T、C	1
ANDF 与脉冲	下降沿检测串联连接	X、Y、M、S、T、C	1
ORP 或脉冲	上升沿检测并联连接	X、Y、M、S、T、C	1
ORF 或脉冲	下降沿检测并联连接	X、Y、M、S、T、C	1

（1）LDP、ANDP、ORP 指令为上升沿触发指令，当指定元件出现上升运动时（OFF→ON），其运算结果保持一个扫描周期为 ON。

（2）LDF、ANDF、ORF 指令为下降沿触发指令，当指定元件出现下降运动时（ON→OFF），其运算结果保持一个扫描周期为 ON。应用举例如图 3-4-1 所示。其中，X000、X001、X002 从 OFF 变为 ON 时导通，X003、X004、X005 从 ON 变为 OFF 时导通。

（三）计数器

计数器相关知识参看项目二中编程元件和计数器部分的相关内容，其应用举例如图 3-4-2 所示。

（四）ALT 交替指令

利用功能指令中的 ALT 交替指令来实现单按钮控制，梯形图将更加简单。如图 3-4-3 所示，每来一次信号，输出状态改变一次，从 OFF 转换成 ON，或从 ON 转换成 OFF，状态交替转换。

（五）定时器、计数器典型电路

（1）振荡电路如图 3-4-4 所示。

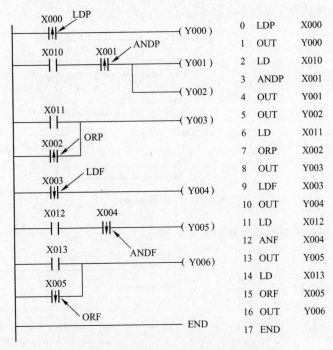

0	LDP	X000
1	OUT	Y000
2	LD	X010
3	ANDP	X001
4	OUT	Y001
5	OUT	Y002
6	LD	X011
7	ORP	X002
8	OUT	Y003
9	LDF	X003
10	OUT	Y004
11	LD	X012
12	ANF	X004
13	OUT	Y005
14	LD	X013
15	ORF	X005
16	OUT	Y006
17	END	

图 3-4-1 脉冲式触头输出指令应用举例

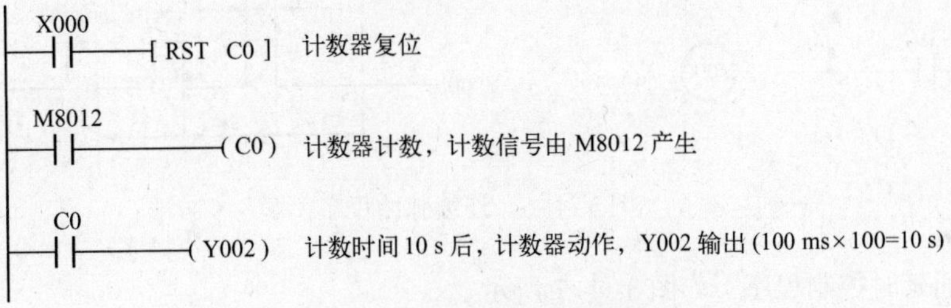

```
X000
─┤├──────[ RST  C0 ]   计数器复位

M8012
─┤├──────( C0 )   计数器计数，计数信号由 M8012 产生

C0
─┤├──────( Y002 )   计数时间 10 s 后，计数器动作，Y002 输出 (100 ms×100=10 s)
```

图 3-4-2 计数器的应用举例

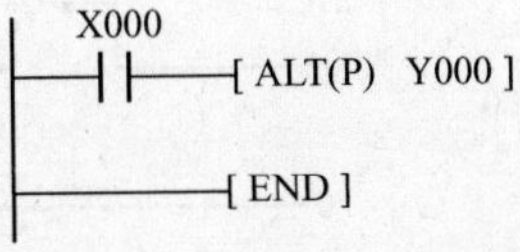

```
        X000
        ─┤├──────[ ALT(P)  Y000 ]

                 [ END ]
```

图 3-4-3 利用 ALT 交替指令实现单按钮控制

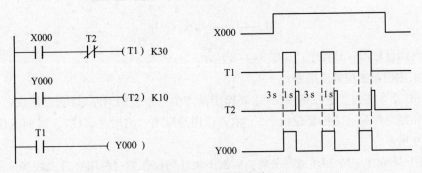

图 3-4-4 振荡电路

（2）产生单脉冲的程序如图 3-4-5 所示。

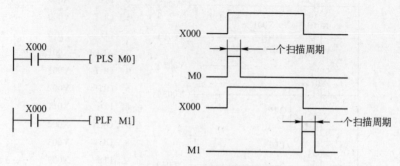

图 3-4-5　单脉冲程序

（3）产生连续脉冲的基本程序如图 3-4-6 所示。

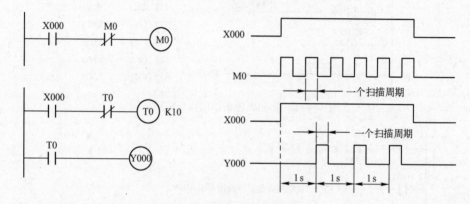

图 3-4-6　连续脉冲程序

（4）接通延时控制程序，如图 3-4-7 所示。

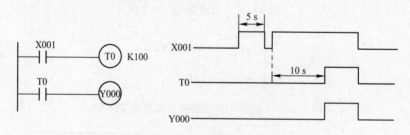

图 3-4-7　接通延时程序

（5）利用计数器计时程序，如图 3-4-8 所示。

（六）主控与主控复位指令

（1）MC 指令称为"主控指令"，主要作用是产生一个"临时左母线"，形成一个主控电路块；MCR 指令称为"主控复位指令"，主要作用是取消"临时左母线"，进而返回左母线，如图 3-4-9 所示。

MC 指令与 MCR 指令必须成对出现，后面不跟任何操作数，使用嵌套次数 N0 ～ N7 依次递进，主控返回时，一定要 N7 ～ N0 依次递减。

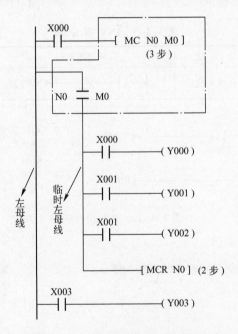

图 3-4-8　计数器计时程序

（2）规定主控触点（N0 – M0）只能画在垂直方向，以示区别与水平方向画的普通触点。

（3）图 3-4-9 中还对应列出（MC、MCR）的指令语句及步数。

图 3-4-9　主控与主控复位指令应用

（4）如果要实现图 3-4-10 所示的多路输出，可使用图 3-4-9 的（MC，MCR）指令，也可以使用堆栈指令。在使用（MC，MCR）指令时，容易出现如图 3-4-11 中的错误。主控触点（N0 – M0）后面，形成临时左母线，既然也是一种母线，那么它与继电器之间不可以直接连接。

（七）INV 指令

INV 指令是将 INV 指令执行之前的运算结果取反的指令，其功能、梯形图表示、所占程序步如表 3-4-3 所示，指令应用如图 3-4-12 所示。

项目（三）　基本指令及其应用

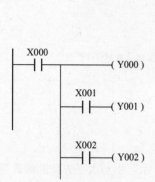

图 3-4-10 多路输出

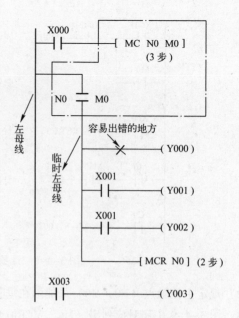

图 3-4-11 错误示范

表 3-4-3 INV 指 令 表

符号（名称）	功　能	梯形图表示	操作元件	程序步
INV（Inverse）取反	运算结果取反	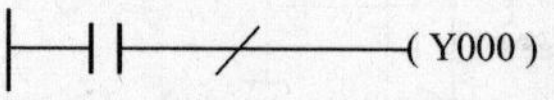 ├┤├──/──（Y000）	无	1

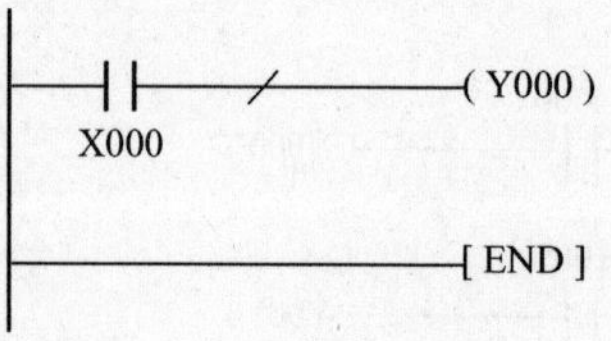

├┤├──/──（Y000） X000 [END]	0　LD　　X000 1　IND 2　OUT　　Y001 3　END

图 3-4-12 INV 指令应用

（八）NOP 指令

NOP 指令为空操作指令，使该步的操作为零。

三、任务实施

1. I/O 分配

根据任务分析，分配 I/O 地址，如表 3-4-4 所示。

表 3-4-4 单按钮启保停电路 I/O 分配表

输 入 信 号			输 出 信 号		
序号	PLC 输入点	信号名称	序号	PLC 输出点	信号名称
1	X000	启动、停止按钮 SB	1	Y000	电动机控制线圈 KM1

该系统的 I/O 接线图如图 3-4-13 所示。

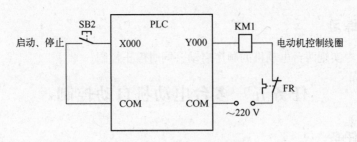

图 3-4-13 I/O 接线图

2. 系统程序梯形图与指令语言

（1）方案一：利用 PLS 实现单按钮控制电路，如图 3-4-14 所示。

（2）方案二：利用计数器实现单按钮控制电路，如图 3-4-15 所示。

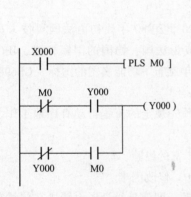

图 3-4-14 利用 PLS 实现单按钮控制电路　　图 3-4-15 利用计数器实现单按钮控制电路

X000 第一次 ON，M0 接通一个周期，C0 计数为 1，Y000 为 ON 且自锁，电动机启动并保持运行；X000 第二次 ON，M0 接通一个周期，C0 计数为 2，C0 触点动作。C0 常闭触点断开，使 Y000 线圈失电为 OFF，电动机停止。下一个扫描周期 C0 常开的触点闭合，使计数为 0，等待下一次启动。

（3）方案三：利用 ALT 交替功能指令，具体实施见本任务相关知识中的 ALT 交替功能指令内容。

3. 调试运行

（1）根据 I/O 接线图连接线路。

（2）用 GX Developer 软件编写程序，并下载到 PLC，运行。

（3）按控制开关，观察电动机是否实现单按钮控制启动与停止。

4. 检查与评估

（1）检查 I/O 接线是否正确、规范，I/O 设备是否正常使用。

（2）检查梯形图和指令表的编辑是否正确。

（3）检查现象是否正确。

项目（三）　基本指令及其应用

四、自主练习

利用 PLS 指令实现两台电动机的顺序启动、同时停止控制。

任务五　多台电动机自动控制

一、工作任务

设计 3 台电动机的自动控制，要求第 1 台电动机启动 10 s 后，第 2 台电动机自行启动，运行 5 s 后，第 1 台电动机停止并同时使第 3 台电动机自行启动，再运行 15 s 后，电动机全部停止。

二、相关知识

（一）顺序功能图

1. 顺序功能图简介

顺序功能图（Sequence Function Chart，SFC）是 20 世纪 80 年代初由法国科技人员根据 Petri 网理论提出的，是一种功能说明语言，已先后成为法国、德国的国家标准，IEC 也于 1988 年公布了类似的标准（IEC848），我国也于 1986 年颁布了功能表图的国标（GB6988.6—1986）。

较复杂的控制系统，往往需要多个执行机构按照预先规定的流程自动有序地工作。如果直接用梯形图进行程序设计，存在如下问题：

（1）设计方法很难掌握，且设计周期长，需要很丰富的经验。

（2）设计出的程序可读性差，装置投入运行后维护、修改困难。

若用 SFC 设计 PLC 程序，则可有效地解决上述问题，即使是初学者也能进行较复杂控制系统的设计，程序的设计、调试、修改和阅读也很容易。

2. 顺序功能图组成

顺序功能图设计的是一个自动顺序工作的控制系统，即顺序控制。任何一个顺序控制过程都可分解为若干步骤，每一工步就是控制过程中的一个状态，所以顺序控制的动作流程图也称为状态转移图。顺序功能图主要由步、有向连线、转换条件和动作（驱动对象）组成，如图 3-5-1 所示。

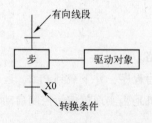

图 3-5-1　顺序功能图组成

（1）步：将系统的一个工作周期，按输出量的状态变化，划分为若干个顺序相连的阶段，每个阶段称为步。与系统的初始状态对应的步称为"初始步"，用双线方框表示。当系统处于某一步时，该步处于活动状态，称该步处于"活动步"。步处于活动状态时，相应的动作被执行；处于不活动状态时，相应的非存储型动作被停止执行。

步用编程元件（如辅助存储器 M 和状态继电器 S）表示。FX2N 系列 PLC 的状态继电器的分类、编号、数量及功能如表 3-5-1 所示。

表 3-5-1　FX2N 系列的状态继电器

类　别	状态继电器编号	数　量	功能说明
初始状态	S0～S9	10	用于 SFC 的初始状态
返回状态	S10～S19	10	用于返回原点状态
一般状态	S20～S499	480	用于 SFC 的中间状态
失电保持状态	S500～S899	400	用于保持停电前状态
信号报警状态	S900～S999	100	用作报警元件

在用状态转移图编写程序时，状态继电器可以按顺序连续使用。但是，状态继电器的编号要在指定的类别范围内选用；各状态继电器的触点可自由使用，使用次数无限制；在不用状态继电器进行状态转移图编程时，状态继电器可作为辅助继电器使用，用法和辅助继电器相同。

（2）有向线段：将各步对应的方框按活动顺序用有向线段连接起来。有向线段的方向代表了系统动作的顺序。顺序功能图中，从上到下、从左到右的方向，有向线段的箭头可以省略。

（3）转换条件：活动步完成动作，转入下一步的转换条件，是本状态的结束信号，也是下一步的起始信号。常见的转换条件有按钮、行程开关、定时器和计数器触点的动作（通/断）等。

（4）动作（驱动对象）：动作指的是每一步对应的系统执行动作，或者工作内容。

3. 画顺序功能图的一般步骤

（1）分析控制要求和工艺流程，确定状态转移图结构（复杂系统需要）。

（2）工艺流程分解为若干步，每一步表示一个稳定状态。

（3）确定步与步之间转移条件及其关系。

（4）确定初始状态（可用输出或状态器）。

（5）解决循环及正常停车问题。

（6）急停信号的处理。

4. 顺序功能图的设计法举例

以工作台自动往复控制系统为例，画出其顺序功能图。

工作台自动往复控制程序要求：正反转启动信号 SB0、SB1，停车信号 SB2，左右限位开关 SQ1、SQ2，左右极限保护开关 SQ3、SQ4，输出信号 Y000、Y001，其工作示意图如图 3-5-2 所示。

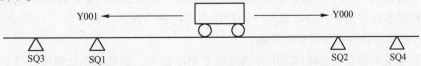

图 3-5-2　工作台自动往复控制系统

设计该系统顺序功能图，如图3-5-3所示。

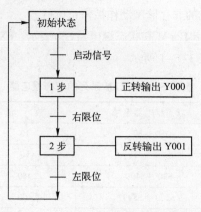

图3-5-3 工作台自动往复功能顺序图

（二）步进顺序控制指令

控制系统的每一个状态都有一个控制元件来控制该状态是否动作，保证在顺序控制过程中生产过程有秩序地按步进行，所以顺序控制也称为步进控制。FX系列PLC提供了一对步进指令，如表3-5-2所示。

表3-5-2 步进指令表

符号（名称）	功 能	梯形图表示	程序步
STL 步进指令	步进开始	——[SET S0]	1
RET 步进返回	步进结束	——[RET]	1

其中，STL指令称为"步进接点"指令，其功能是将步进接点接到左母线，对应的操作元件是状态继电器S；RET指令称为"步进返回"指令，其功能是使临时左母线回到原来左母线的位置，没有对应的操作元件。

当利用SET指令将状态继电器置1时，步进接点闭合。此时，顺序控制就进入该步进接点所控制的状态。当转移条件满足时，利用SET指令将下一个状态控制元件（即状态继电器）置1后，上一个状态继电器（上一工步）自动复位，而不必采用RST指令复位。用梯形图表示如图3-5-4所示。

步进接点只有常开触点，没有常闭触点。步进接通需要SET指令进行置1，步进接点闭合，将左母线移动到临时左母线，与临时左母线相连的触点用LD、LDI指令。在每条步进指令后不必都加一条RET指令，只需要在连续的一系列步进指令的最后一条的临时左母线后接一条RET指令返回原左母线，且必须有这条指令。

注意：

（1）步进接点与左母线相连时，具有主控和跳转作用。

（2）状态继电器S只有在使用SET指令以后才具有步进控制功能，提供步进接点。

（3）在状态转移图中，会出现在一个扫描周期内两个或两个以上状态同时动作的可能，因此在相邻的步进接点必有联锁措施。

（4）状态继电器在状态转移图中可以按编号顺序使用，也可以任意使用，但建议按顺序使用。

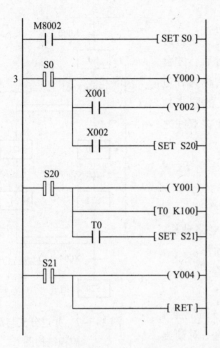

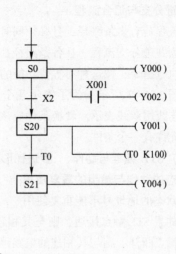

图 3-5-4　步进指令举例

（5）状态继电器可用作辅助继电器，与辅助继电器 M 用法相同。

（6）步进接点后的电路中不允许使用 MC/MCR 指令。

（7）在状态内，不能从 STL 临时左母线位置直接使用 MPS/MRD/MPP。

（三）顺序功能图结构类型

1. 单流程结构

控制流程从头到尾只有一条路可走，称为单流程结构，如图 3-5-5 所示。

2. 选择分支与汇合流程

控制流程若有多条路径，而只能选择其中一条路径来执行，这种分支方式称为选择分支。如图 3-5-6 所示，X001、X002 同时只能有一个为 ON。分支、汇合处的转换条件应该标在分支上。

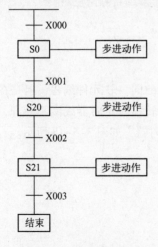

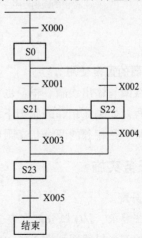

图 3-5-5　单流程结构图　　　　图 3-5-6　选择分支与汇合流程结构图

3. 并进分支与汇合流程

控制流程若有多条路径，且必须同时执行，这种分支方式称为并进分支流程。在各条路径都执行后，才会继续向下执行指令，像这种有等待功能的方式称为并进汇合，如图 3-5-7 所示。为了表示几个分支的同步执行，水平连线用双线表示。转换条件应该标注在双线之外，并只允许有一个条件。

（四）STL 编程与动作、 步进梯形图

1. 状态的动作与输出的重复使用

（1）状态的地址号不能重复使用。

（2）如果 STL 触点接通，则与其相连的电路动作；如果 STL 触点断开，则与其相连的电路停止动作。

（3）在不同的步之间可给同一软元件编程。

2. 输出的联锁

在状态转移过程中，仅在瞬间（一个扫描周期）两种状态同时接通，因此为了避免同时接通的一对输出同时接通，需要设置联锁，如图 3-5-8 所示。

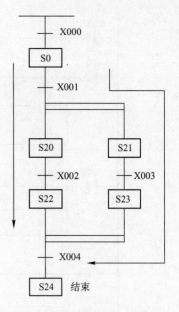

图 3-5-7　并进分支与汇合流程结构图

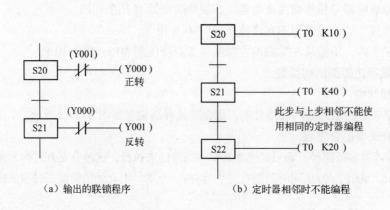

（a）输出的联锁程序　　（b）定时器相邻时不能编程

图 3-5-8　输出的联锁

3. 定时器的重复使用

定时器线圈与输出线圈一样，也可对在不同的状态的同一软元件编程，但是在相邻的状态中不能编程。如果在相邻的状态下编程，则步进状态转移时定时器线圈不断开，当前值不能复位，如果不是相邻的两个状态则可以使用同一个定时器，如图 3-5-18 所示。

三、任务实施

1. I/O 分配

根据系统要求，I/O 口分配如表 3-5-3 所示。

该系统的 I/O 接线图如图 3-5-9 所示。

表 3-5-3　多台电动机自动控制 I/O 分配表

输入信号			输出信号		
序号	PLC 输入点	信号名称	序号	PLC 输出点	信号名称
1	X000	启动按钮 SB1	1	Y001	第一台电动机控制线圈 KM1
			2	Y002	第二台电动机控制线圈 KM2
			3	Y003	第三台电动机控制线圈 KM3

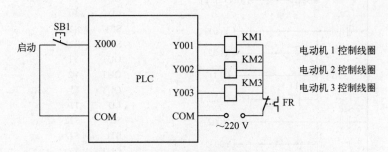

图 3-5-9　多台电动机自动控制系统 I/O 接线图

2. 画顺序功能图

顺序功能图如图 3-5-10 所示。

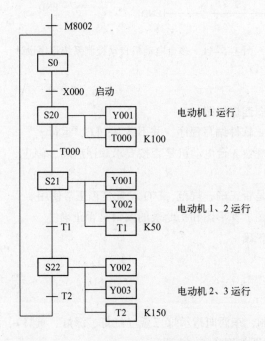

图 3-5-10　多台电动机自动控制顺序功能图

3. 系统程序梯形图与指令语言

系统程序梯形图与指令语言如图 3-5-11 所示。

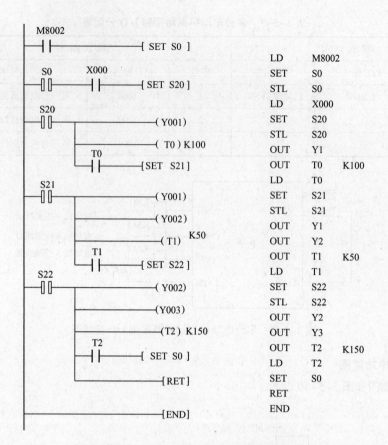

图 3-5-11　多台电动机自动控制系统程序设计

4. 调试运行

（1）根据 I/O 接线图连接线路。

（2）用 GX Developer 软件编写程序，并下载到 PLC，运行。

（3）按启动开关，观察 3 台电动机是否按要求顺序启动、停止。

5. 检查与评估

（1）检查 I/O 接线是否正确、规范，I/O 设备是否正常使用。

（2）检查顺序功能图、梯形图和指令表的编辑是否正确。

（3）检查现象是否正确。

四、自主练习

1. 交通灯控制

十字路口交通灯控制，东西向指示灯三盏（红灯、绿灯、黄灯），南北向指示灯三盏（红灯、绿灯、黄灯），示意图如图 3-5-12 所示。

（1）按下启动按钮，交通灯系统开始工作，按下停止按钮，系统停止工作，所有信号灯熄灭。

（2）南北交通灯和东西交通灯指示如表 3-5-4 所示。

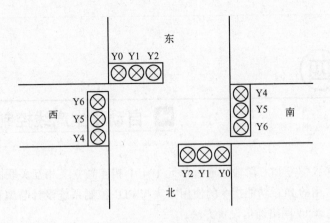

图 3-5-12　交通示意图

表 3-5-4　交通灯亮灭时间指示表

东西	信号	绿灯亮	绿灯闪亮	黄灯亮	红灯亮		
	时间	25 s	3 s	2 s	30 s		
南北	信号	红灯亮			绿灯亮	绿灯闪亮	黄灯亮
	时间	30 s			25 s	3 s	2 s

2. 液压进给装置运动控制

液压进给装置运动示意图如图 3-5-13 所示，其顺序动作要求如下：

（1）初始状态：活塞杆置右端，开关 X2 为 ON。

（2）按下启动按钮 X3，Y0 为 ON，左行。

（3）碰到限位开关 X1 时，Y1 为 ON，右行。

（4）碰到限位开关 X2 时，Y0 为 ON，左行。

（5）碰到限位开关 X0 时，Y1 为 ON，右行。

（6）碰到限位开关 X2 时，停止。

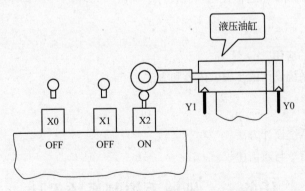

图 3-5-13　液压进给装置运动示意图

项目四

➡ 自动化生产线控制系统设计

本单元进入深入学习 PLC 阶段。通过单元中 4 个相互独立又相互关联的自动化生产线项目的学习，掌握常用的 PLC 功能指令的使用方法与 PLC 控制系统设计与编程方法，并初步学习 FX 系列 PLC 的 $N:N$ 网络通信设置方法。

👍 教学目的

（1）掌握 PLC 控制系统设计的基本原则、步骤与方法。
（2）了解 PLC 应用中硬件设置和软件设计。
（3）掌握定位、触点比较、程序流程、循环移位等功能指令的使用方法。
（4）熟悉 PLC 选型与资源配置。
（5）了解 PLC 通信指令与通信协议、$N:N$ 网络设置方法。

⚙ 教学内容

（1）PLC 控制系统设计的内容与步骤。
（2）PLC 的硬件设置。
（3）PLC 的软件设计、功能指令的用法。
（4）PLC 在机械手控制系统中的应用。
（5）运料小车控制系统设计。
（6）材料分拣控制系统设计。
（7）自动化生产线多站通信控制系统设计。

🎯 教学重点

（1）功能指令的应用。
（2）PLC 控制系统设计的步骤、内容和方法。

📖 教学难点

（1）PLC 控制系统设计方法。
（2）PLC 通信指令与通信协议。

任务一　机械手控制系统设计

一、工作任务

（一）机械手的结构

如图 4-1-1 所示，一台机械手完成把圆柱形工件从工作台 A 抓取后搬运到小车 B 上的任务。该机械手装置能实现升降、伸缩、气动手指夹紧/松开和沿垂直轴旋转的四维运动。在水平方向可以做伸缩移动，在垂直方向可以做升降移动，在旋转方向可以做左转与右转动作。

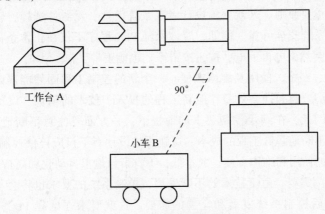

工作台 A
90°
小车 B

图 4-1-1　机械手装置示意图

机械手升降、伸缩的执行机构均采用单向电磁阀推动气缸来完成。当电磁阀线圈得电时执行相应上升、伸出动作，线圈失电时执行相应下降、缩回、右转动作。机械手夹紧/松开、左转/右转的执行机构采用双向电磁阀推动气缸来完成。以机械手夹紧/松开动作为例，当某一线圈得电时，机械手手抓将处于夹紧状态，直到相反线圈得电，机械手手抓才会处于松开状态。

机械手不同位置安装 6 个磁性开关传感器分别用于机械手夹紧松开、伸出缩回、上升下降、左右旋转动作到位检测。

（二）机械手的控制要求

（1）按下启动按钮后，机械手系统进入工作状态。完成从工作台 A 抓取工件→旋转→在小车 B 上放下工件的周期动作。

（2）抓取工件顺序：手臂伸出→手抓爪夹紧抓取工件→提升台上升→手臂缩回。

（3）机械手向左旋转：机械手手臂缩回后，摆台逆时针旋转 90°。

（4）放下工件顺序：手臂伸出→提升台下降→手抓松开放下工件→手臂缩回。

（5）机械手向右旋转：机械手手臂缩回后，摆台顺时针旋转 90°。

（6）当抓取机械手装置返回原点后，一个测试周期结束。再按一次启动按钮开始新一轮的周期运行。

（7）系统具有暂停功能。

二、相关知识

（一）PLC 控制系统设计的基本原则、主要内容与基本步骤

1. PLC 控制系统设计的基本原则

任何一种控制系统都是为了实现被控对象的工艺要求，以提高生产效率和产品质量。因此，在设计 PLC 控制系统时，应遵循以下基本原则：

（1）最大限度地满足被控对象的控制要求。充分发挥 PLC 的功能，最大限度地满足被控对象的控制要求，是设计 PLC 控制系统的首要前提，这也是设计中最重要的一条原则。这就要求设计人员在设计前就要深入现场进行调查研究，收集控制现场的资料，收集相关先进的国内、国外资料。同时，要注意和现场的工程管理人员、工程技术人员、现场操作人员紧密

配合，拟定控制方案，共同解决设计中的重点问题和疑难问题。

（2）保证 PLC 控制系统安全可靠。保证 PLC 控制系统能够长期安全、可靠、稳定运行，是设计控制系统的重要原则。这就要求设计者在系统设计、元器件选择、软件编程上要全面考虑，以确保控制系统安全可靠。例如，应该保证 PLC 程序不仅在正常条件下运行，而且在非正常情况下（如突然失电再上电、按钮按错等）也能正常工作。

（3）力求简单、经济、使用及维修方便。一个新的控制工程固然能提高产品的质量和数量，带来巨大的经济效益和社会效益，但新工程的投入、技术的培训、设备的维护也将导致运行资金的增加。因此，在满足控制要求的前提下，一方面要注意不断地扩大工程的效益，另一方面也要注意不断地降低工程的成本。这就要求设计者不仅应该使控制系统简单、经济，而且要使控制系统的使用和维护方便、成本低，不宜盲目追求自动化和高指标。

（4）适应发展的需要。由于技术的不断发展，控制系统的要求也将会不断地提高，设计时要适当考虑到今后控制系统发展和完善的需要。这就要求在选择 PLC、输入/输出模块、I/O 点数和内存容量时，要适当留有裕量，以满足今后生产的发展和工艺的改进。

2. PLC 控制系统设计的主要内容

PLC 控制系统是由 PLC 与用户输入、输出设备连接而成的，用以完成预期的控制目的与相应的控制要求。因此，PLC 控制系统设计的基本内容应包括：

（1）根据生产设备或生产过程的工艺要求，以及所提出的各项控制指标与经济预算，首先进行系统的总体设计。

（2）根据控制要求基本确定数字 I/O 点和模拟量通道数，进行 I/O 点初步分配，绘制 I/O 接线图。

（3）进行 PLC 系统配置设计，主要为 PLC 的选择。PLC 是 PLC 控制系统的核心部件，正确选择 PLC 对于保证整个控制系统的技术经济性能指标起着重要的作用。选择 PLC 应包括机型的选择、容量的选择、I/O 模块的选择、电源模块的选择等。

（4）选择用户输入设备（按扭、操作开关、限位开关、传感器等）、输出设备（继电器、接触器、信号灯执行元件）以及由输出设备驱动的控制对象（电动机、电磁阀等），这些设备属于一般的电器元件。

（5）设计控制程序。在深入了解与掌握控制要求、主要控制的基本方式以及完成的动作、自动工作循环的组成、必要的保护和联锁等方面情况之后，对较复杂的控制系统，可用状态流程图形式全面表达出来。必要时还可将控制任务分成几个独立部分，这样可化繁为简，有利于编程和调试。程序设计主要包括绘制控制系统流程图、编制语句表与程序清单。

控制程序是控制整个系统工作的条件，是保证系统工作正常、安全、可靠的关键。因此，控制系统的设计必须经过反复调试、修改，直到满足要求为止。

3. PLC 控制系统设计的基本步骤

（1）分析被控对象并提出控制要求。详细分析被控对象的工艺过程及工作特点，了解被控对象机、电、液之间的配合，提出被控对象对 PLC 控制系统的控制要求，确定控制方案，拟定设计任务书。

（2）确定输入/输出设备。根据系统的控制要求，确定系统所需的全部输入设备（如按钮、位置开关、转换开关及各种传感器等）和输出设备（如接触器、电磁阀、信号指示灯及其他执行器等），从而确定与 PLC 有关的输入/输出设备，以确定 PLC 的 I/O 点数。

（3）选择 PLC：包括对 PLC 的机型、容量、I/O 模块、电源等的选择。在选择机型时，应保证 I/O 点数有 15% ～ 20% 的余量。

（4）分配 I/O 点并设计 PLC 外围硬件线路。

（5）程序设计与调试。程序设计可用经验设计法或顺序控制设计法，或是两者的组合。

① 经验设计法：依据继电器控制电路原理图翻译成梯形图，用于对现有的继电器控制系统进行技术改造时比较方便。

② 顺序控制设计法：用功能图设计法可编制出可读性很强的程序，且可减少编程时间。

通常情况下某些复杂系统中，程序一般分为公共程序、手动程序和自动程序。公共程序和手动程序相对比较简单，可采用经验设计法设计；而自动程序往往可以循环工作，用功能图设计法设计比较方便。

总之，程序设计方法要根据具体情况选择相应的设计方法，不要拘泥于某一种设计方法，要灵活运用。

（6）总装调试。接好硬件电路，把程序输入 PLC 中，联机调试。

（7）整理和编写技术文件。技术文件包括设计说明书、硬件原理图、安装接线图、电气元件明细表、PLC 程序以及使用说明书等。

（二）功能指令的格式表示与执行形式

在 FX 系列 PLC 中，功能指令是由功能编号 FNC00 ～ FNC246 指定，每条指令中有助记符（表示其内容）。功能指令的通用格式如图 4-1-2 所示。

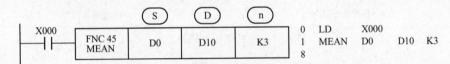

图 4-1-2　功能指令的通用格式表示

图 4-1-2 所示功能指令含义：当执行条件 X000 闭合时，将 3 点源数据（即 D0、D1、D2）的平均值存入目标地址 D10 中，即 $\dfrac{(D0)+(D1)+(D2)}{3} \rightarrow (D10)$。

1. 功能编号与助记符

每条功能指令都具有各自唯一指定的功能编号（FNC00 ～ FNC249）。功能指令的助记符是指令的英文名字或缩写，直接表示本指令要做什么。

2. 操作数

大多数功能指令与 1 ～ 4 个操作数组合使用，但也有某些功能指令仅使用功能编号。

（1）[S] 表示源操作数，其内容不随指令执行而变化。在利用变址修改软元件编号的情况下，用 [S.] 表示。源操作数的数量多时，以 [S1]、[S2] 等表示。

（2）[D] 表示目标操作数，其内容随执行指令改变。同样，可以做变址修饰，在目标数量多时，以 [D1]、[D2] 表示。

（3）[m]、[n] 表示源操作数与目标操作数以外的操作数，多用来表示常数 K（十进制）和 H（十六进制）。这样的操作数数量多时，以 [m1]、[n1]、[m2]、[n2] 表示。

3. 操作数的可用软元件

（1）位元件 X、Y、M、S。

（2）位元件组合 KnX、KnY、KnM、KnS。

（3）数据寄存器（D）、定时器（T）、计数器（C）的当前值寄存器，以及变址寄存器 V、Z 等字元件。

（4）常数 K、H。

4. 数据长度与执行形式

功能指令按处理数值的大小，分为 16 位指令和 32 位指令。其中，32 位指令助记符前加 **D**，如图 4-1-3 所示。

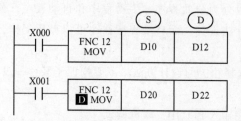

将 D10 的内容传送到 D12 中，16 位指令；
将 (D21, D20) 的内容传送到 (D23, D22) 中，32 位指令

图 4-1-3　数据长度

此外，功能指令的执行形式有连续执行型和脉冲执行型两种，如图 4-1-4 所示。

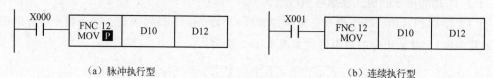

（a）脉冲执行型　　　　　　　　　　　　（b）连续执行型

图 4-1-4　功能指令执行形式

图 4-1-4 中（a）为脉冲执行型命令，用符号 **P** 表示。脉冲执行型指令在执行条件满足时执行一次。即当 X000 从 OFF→ON 变化时，执行一次，其他时刻不执行。

图 4-1-4 中（b）为连续执行型命令，当 X001 闭合时，在各个扫描周期都执行。

在某些场合，不需要每个扫描周期都执行功能指令时，可采用脉冲执行型指令，可加快指令处理时间。

（三）程序流程类指令

FX 系列 PLC 中的程序流程类指令包括 CJ、CALL、SRET、FEND 等。

1. 条件跳转指令 CJ

（1）条件跳转指令格式：CJ 指令的助记符、功能编号、操作数如表 4-1-1 所示。

表 4-1-1　条件跳转指令的格式

指令名称	助　记　符	功能编号	操作数 [D.]
条件跳转	CJ CJ（P）	FNC00 （16 位）	（1）指针编号范围 P0～P127； （2）P63 为 END，不能标记； （3）指针编号可做变址修改

（2）条件跳转指令说明：条件跳转指令 CJ 在程序中应用情况如图 4-1-5 所示。图中 P8 为跳转指令对应的跳转指针，8 为标号。

跳转指令有 CJ、CJ P，可用于缩短程序运算周期及使用双线圈。CJ 指令在执行条件满足时的各个扫描周期内，PLC 将跳到以跳转指针为入口的程序段中执行，而不再扫描执行跳转指令与跳转指针之间的程序。执行条件不满足时，跳转执行结束。

图 4-1-5　CJ 指令的应用

在图 4-1-5 中，当 X000 = ON 时，程序从 0 步跳到 6 步（标记 P8 的后一步），执行 P8 后的程序段。当 X000 = OFF 时，程序不进行跳转，从 0 步向 5 步移动，不执行跳转指令。

说明：

① 跳转指令具有选择程序段的功能，因此在同一程序中由于跳转的存在使得同一线圈不会同时被执行时，不视为双线圈处理。

② 对初学者来讲，多条跳转指令最好不要使用同一标号。

③ 跳转指针标号多设在相关的跳转指针之后。

④ CJ 执行期间，普通定时器与计数器停止工作，当跳转执行条件不满足时继续工作。但 T192 ～ T199、C235 ～ C255 则不受跳转指令影响，继续工作。

⑤ 若用 $\overset{M8000}{\vdash\vdash}$ CJ 指令的跳转执行条件，则条件跳转变为无条件跳转。

（3）CJ 指令应用：

【例 1】利用 CJ 指令实现两段程序间的切换。

【解】图 4-1-6 所示为实现两段程序相互切换的梯形图。当 X000 = ON 时，程序跳过程序 1，直接执行程序 2 指令；当 X000 = OFF 时，则执行程序 1 指令。此外，P63 为 END，无须在 13 步标号。

图 4-1-6　CJ 用于两段程序间的切换

【例2】利用 CJ 指令实现暂停功能。

【解】如图 4-1-7 所示，X001 为启动按钮，X002 为暂停按钮。当 X001 = ON 时，程序按预定动作执行，Y001 输出，50 s 后 Y001 停止输出；若在 50 s 内，X002 = ON，则程序将越过步 6 与步 12，直接跳转到标号 P0 处。由于步 18 是一个空步，所以实现了暂停功能。只到 X002 = OFF 时，T10 继续工作，暂停结束。

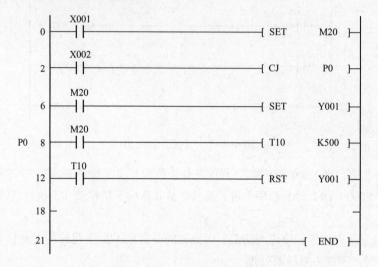

图 4-1-7　CJ 用于暂停功能

2. 子程序调用 CALL 与子程序返回 SRET

CALL 与 SRET 指令的助记符、功能编号、操作数如表 4-1-2 所示。

表 4-1-2　子程序调用与返回指令的格式

指令名称	助记符	功能编号	操 作 数
			[D.]
子程序调用	CALL CALL（P）	FNC01 （16 位）	指针编号范围 P0～P62，P0～P127 P63 为 END，通常使用指针编号做变址修改，嵌套 5 层
子程序返回	SRET	FNC02	无

若主程序相对复杂，长度较大，可将某些实现特定控制目的编写的且相对独立的程序设为子程序，使得主程序简洁且可读性强。为区别主程序，一般在程序编写顺序上，按主程序在前，子程序在后的顺序，并以主程序结束指令 FEND 为分隔语句。

CALL 与 SRET 指令的具体应用如图 4-1-8 所示。

当子程序调用执行条件 X000 = ON 时，将执行 CALL 指令并跳转到标记 P10 处。当子程序执行完毕后，通过 SRET 指令返回到主程序中调用处。注意同一程序中，CALL 指令与 CJ 指令的指针标记不要重复。在子程序中，可采用 T192 ～ T199 或 T246 ～ T249 做定时器。

3. 主程序结束指令

FEND 指令的助记符、功能编号、操作数如表 4-1-3 所示。

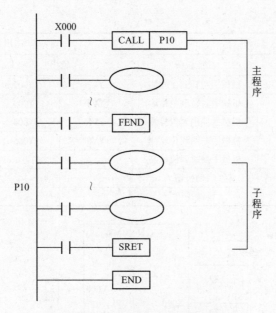

图 4-1-8　子程序指令梯形图应用

表 4-1-3　主程序结束指令的格式

指令名称	助记符	功能编号	操作数
			[D.]
主程序结束	FEND	FNC06	无

FEND 指令用于表示主程序结束，执行该语句时，PLC 输出、输入、定时器刷新都将执行，并向程序起始步返回。

注意：子程序应在 FEND 之后，END 之前；CALL 指令若在 FEND 后，要有 SRET 指令。

三、任务实施

1. I/O 分配

根据控制要求，机械手控制系统共有 9 个输入信号、6 个输出信号。其中，输入信号包括来自按钮/指示灯模块的按钮、开关等主令信号，各构件的传感器信号等；输出信号主要是输出到抓取机械手装置各电磁阀的控制信号。

基于上述考虑，可选用三菱 FX2N - 24MR PLC，电源为 AC 220 V，共 12 点输入，12 点继电器输出。表 4-1-4 给出了系统的 PLC 的 I/O 信号表，表中各种检测传感器均为磁性开关。系统 I/O 接线原理图如图 4-1-9 所示。

表 4-1-4　机械手控制系统 I/O 分配表

输入信号			输出信号		
输入		功能说明	输出		功能说明
SP1	X000	机械手下降到位检测	YV1	Y000	机械手上升电磁阀
SP2	X001	机械手上升到位检测	YV2	Y001	机械手左旋电磁阀

输 入 信 号			输 出 信 号		
输入		功能说明	输出		功能说明
SP3	X002	机械手左转到位检测	YV3	Y002	机械手右旋电磁阀
SP4	X003	机械手右转到位检测	YV4	Y003	机械手伸出电磁阀
SP5	X004	机械手伸出到位检测	YV5	Y004	机械手夹紧电磁阀
SP6	X005	机械手缩回到位检测	YV6	Y005	机械手放松电磁阀
SP7	X006	机械手夹紧到位检测			
SB1	X010	启动按钮			
SB2	X011	暂停按钮			

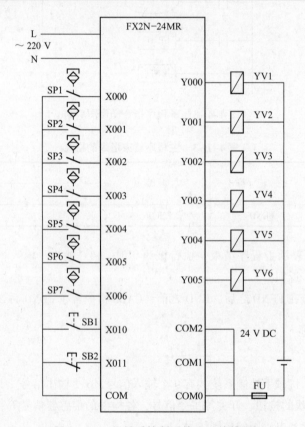

图 4-1-9　机械手控制系统 I/O 接线图

2. 程序设计

（1）编程思路：根据对控制要求的分析，可采用经验法与顺序控制法相结合设计程序。机械手系统启动、暂停部分采用经验法编写，机械手抓取工件、旋转、放下工件部分采用顺序控制法设计。其中，暂停部分可运用 CJ 跳转指令实现。

（2）顺序功能图：如图 4-1-10 所示。

（3）梯形图：机械手系统梯形图如图 4-1-11 与图 4-1-12 所示，整个系统梯形图层次较为清晰。图 4-1-11 中，PLC 上电瞬间将 S0 ～ S28 区间所有的状态继电器全部清零。图 4-1-12 中，当按下启动按钮 X10 时，系统按指定顺序动作工作：抓取工件→左转→放下工件→右转。机械手的各个动作均有电磁阀驱动相应气缸完成指定动作，其中伸缩、升降 4 个动作是

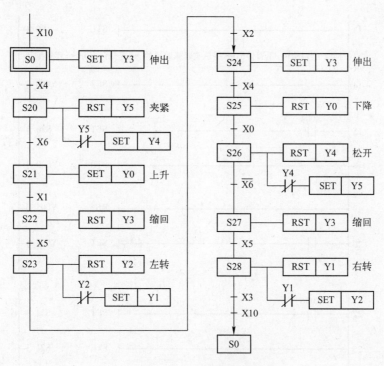

图 4-1-10　顺序功能图

由 2 个单向电磁阀控制，如 Y003 = ON 时，伸缩电磁阀线圈得电，机械手做伸出动作，当 Y003 = OFF 时，伸缩电磁阀线圈失电，机械手做缩回动作。编程时需要注意的是，左右转动、夹紧放松是由 2 个双向电磁阀控制的。由于双向电磁阀具有失电时保持失电前的状态功能，故在编程时为保证双向电磁阀准确动作，加了类似互锁语句。如步 19 ~ 20、36 ~ 37 等。

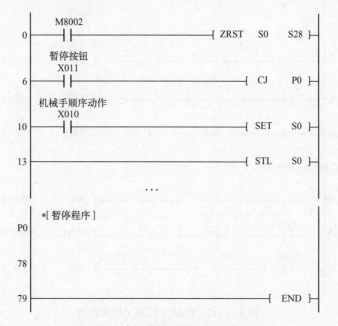

图 4-1-11　机械手系统启停程序梯形图

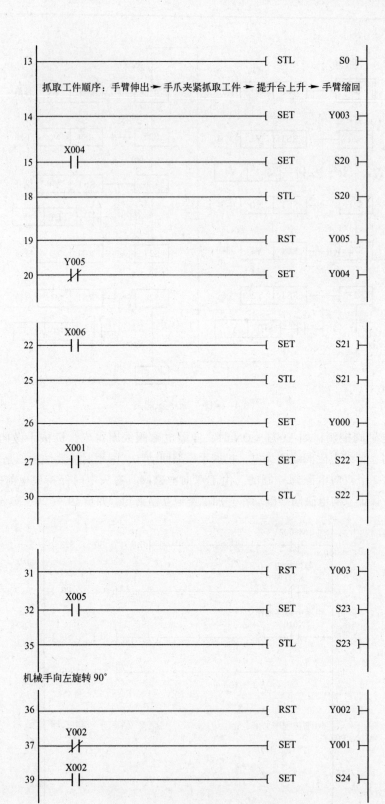

| 13 | | [STL | S0] |

抓取工件顺序：手臂伸出 → 手爪夹紧抓取工件 → 提升台上升 → 手臂缩回

14		[SET	Y003]
15	X004 ┤├	[SET	S20]
18		[STL	S20]
19		[RST	Y005]
20	Y005 ┤/├	[SET	Y004]

22	X006 ┤├	[SET	S21]
25		[STL	S21]
26		[SET	Y000]
27	X001 ┤├	[SET	S22]
30		[STL	S22]

31		[RST	Y003]
32	X005 ┤├	[SET	S23]
35		[STL	S23]

机械手向左旋转90°

36		[RST	Y002]
37	Y002 ┤/├	[SET	Y001]
39	X002 ┤├	[SET	S24]

图4-1-12　机械手抓取工件梯形图

若在一周期运行过程中，若按下 X011，程序将自动越过步 10 ～ 77，而跳到 P0 口空等待，从而实现暂停功能。

3. 调试运行

（1）按图 4-1-9 所示连接 PLC 的 I/O 接线图，电磁阀、传感器、气缸等实物可参考相关自动生产线实训装备。

（2）用 GX Developer 软件编写程序（见图 4-1-11、图 4-1-12）下载到 PLC，并运行。

（3）按下启动按钮后观察机械手动作顺序是否正确，在一周期内按下暂停按钮，观察系统暂停现象，复位暂停按钮后，观察机械手后续动作是否正确。

4. 检查与评估

（1）检查 I/O 接线是否正确、规范，I/O 设备是否正常使用。

（2）检查梯形图和指令表的编辑是否正确。

（3）检查现象是否正确。

四、自主练习

（1）将机械手系统中各个动作间加 2 s 延时时间，如抓取工件动作：即机械手手臂伸出 →2 s 后→手抓夹紧抓取工件→2 s 后→提升台上升→2 s 后→手臂缩回→2 s 后→回到初始状态。

（2）调试运行修改后的机械手程序，并观察跳转暂停时被跨越的程序中的输出线圈、定时器的工作状态如何。

（3）将手臂伸出→手抓夹紧抓取工件→提升台上升→手臂缩回这几个动作编写成机械手抓取工件子程序，同样，将手臂伸出→提升台下降→手抓松开放下工件→手臂缩回这几个动作编写成放下工件子程序，通过在主程序中使用 CALL 语句加以调用，从而缩短主程序长度。主程序中流程为：启动→抓取工件→左转→放下工件→右转。

程序修改后下载到 PLC 中调试运行。

任务二　运料小车控制系统设计

一、工作任务

运料小车在如图 4-2-1 所示直线导轨上精确定位移动。小车起始时运料小车在如图 4-2-1 所示直线导轨上精确定位移动。小车起始时可随意停放于直线导轨除左右极限开关外的任何位置。

（1）若起始时小车不在原点 X000 处，则须先按复位按钮，让小车回到原点，原点指示灯 Y003 亮。

（2）Y003 亮后，按下启动按钮，在 X000 处正上方漏斗闸门打开，开始装料，10 s 后装料完成，接着小车以不小于 300 mm/s 的速度向左精确定位移动到卸货处（假设卸货处距离原点 X000 为 500 mm），8 s 后卸货完成，小车自动返回 X000 点后停止运行。当再次按下启动按钮时，开始新一轮的运料。

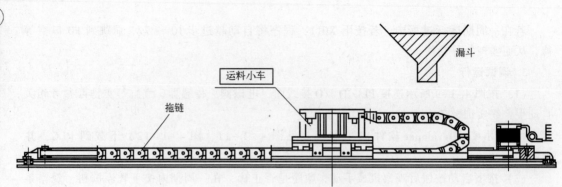

图 4-2-1　运料小车侧视图

二、相关知识

（一）运料小车系统硬件说明

运料小车系统中采用松下永磁同步交流伺服电动机，全数字交流永磁同步伺服驱动装置作为运动控制装置。伺服电动机由伺服电动机放大器驱动，通过同步轮和同步带带动运料小车沿直线导轨做往复直线运动。若同步轮齿距为 5 mm，共 12 个齿，即旋转一周搬运机械手位移 60 mm。

伺服驱动器的接线及参数设置方法本文不进行详细介绍，有兴趣的读者可自行阅读《松下 A4 系列 AC 伺服驱动技术选编》。

伺服电动机内部的转子是永磁铁，驱动器控制的 U/V/W 三相电形成电磁场，转子在此磁场的作用下转动，同时电动机自带的编码器反馈信号给驱动器，驱动器根据反馈值与目标值进行比较，调整转子转动的角度。伺服电动机的精度决定于编码器的精度（线数）。

例如，本系统所使用的松下 MINAS A4 系列 AC 伺服电动机驱动器，电动机编码器反馈脉冲为 2 500 pulse/rev。默认情况下，驱动器反馈脉冲电子齿轮分 - 倍频值为 4 倍频。如果希望指令脉冲为 6 000 pulse/rev，就应把指令脉冲电子齿轮的分 - 倍频值设置为 10 000/6 000。从而实现 PLC 每输出 6 000 个脉冲，伺服电动机旋转一周，驱动机械手恰好移动 60 mm 的整数倍关系。

（二）传送指令

FX 系列 PLC 传送类指令主要包含 MOV 传送、BMOV 成批传送、SMOV 位移动、CML 反相传送、FMOV 多点传送。本节重点介绍 MOV 传送指令。

1. MOV 指令

MOV、BMOV 指令的助记符、功能编号、操作数如表 4-2-1 所示。

表 4-2-1　MOV、BMOV 指令的格式

指令名称	助记符	功能编号	操作数	
			[S.]	[D.]
传送	MOV MOV（P）	FNC12 （16/32）	K、H、KnX、KnY、KnM、KnS、T、C、D、V、Z	KnX、KnY、KnM、KnS、T、C、D、V、Z
块传送	BMOV	FNC15	KnX、KnY、KnM、KnS、T、C、D	KnX、KnY、KnM、KnS、T、C、D、V、Z

96

MOV 指令是将源操作数中的数据传送到指定的目标操作数中，且保持源操作数内数据不变。MOV 指令应用如图 4-2-2 所示。

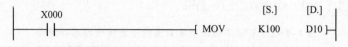

图 4-2-2　MOV 指令应用

当传送指令执行条件 X000 = ON 时，指令执行，将常数 K100 传送到 D10 中。在执行过程中，常数 K100 自动转换成二进制数。

当 X000 = OFF 时，传送指令不执行，目标操作数中数据保持不变。

注意：操作数若为 32 位，则应使用 D 指令，如图 4-2-3 所示。

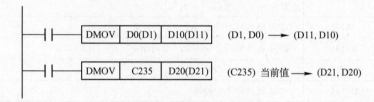

图 4-2-3　DMOV 指令应用

2. BMOV 指令

块传送指令 BMOV 的功能是将以源操作数指定软元件开头的 n 点数据向以目标操作数指定软元件为起始的 n 点软元件成批传送。BMOV 指令应用如图 4-2-4 所示。

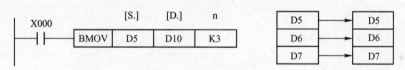

图 4-2-4　BMOV 指令应用

注意：

（1）传送点数 n 超过软元件编号范围时，实际数据仅在可能的范围内传送。

（2）源操作数与目标操作数中若使用位组合，如源为 K1M0，则源与目标要采用相同的位数，即目标也要 4 位，如 K1Y0。

（三）定位指令

定位指令主要用于执行可编程控制器内置式脉冲输出功能的定位。一般为 FX1N 或 FX1S 类型 PLC，输出为晶体管型，仅限于 Y000 和 Y001 点。输出脉冲的频率最高可达 100 kHz。

对步进电动机或伺服电动机主要是定位控制。定位指令包括当前值读取 ABS、原点回归 ZRN（FNC156）、可变速脉冲输出 PLSV（FNC157）、相对位置控制 DRVI（FNC158）、绝对位置控制 DRVA（FNC159），本节重点介绍 ZRN 与 DRVA 指令。

1. 定位指令使用说明

（1）FX1N 或 FX1S 类型 PLC 的定位指令只能驱动 Y000 或 Y001，在同一程序中在使用几条定位指令时注意不要同时驱动相同的 Y000 或 Y001，否则将做双线圈处理。

（2）Y000、Y001 作为高速响应输出时使用电压范围为 DC 5 ～ 24 V，使用电流范围为 10

～100 mA，输出频率最高为100 kHz。

（3）与脉冲输出功能有关的主要特殊内部存储器如表4-2-2所示。表中各个数据寄存器内容可以利用"（D）MOV K0 D81□□"清除。

表4-2-2　与脉冲输出功能有关的主要特殊内部存储器

寄　存　器		用　　途
数据寄存器	［D8141，D8140］	用于输出至Y000的脉冲总数
	［D8143，D8142］	用于输出至Y001的脉冲总数
	［D8145］	执行ZRN、DRVI、DRVA指令时的基底速度，设置范围为最高速度的1/10以下
	［D8147，D8146］	执行ZRN、DRVI、DRVA指令时的最高速度，设置范围为10～100 000 Hz
	［D8148］	执行ZRN、DRVI、DRVA指令时，从基底速度到最高速度的加减速时间，设置范围为50～5 000 ms
辅助继电器	［M8145］	Y000脉冲输出停止指令（立即停止）
	［M8146］	Y001脉冲输出停止指令（立即停止）
	［M8147］	Y000脉冲输出中监控
	［M8148］	Y001脉冲输出中监控

2. 原点回归指令FNC156（ZRN）

（1）原点回归指令格式说明：ZRN的助记符、功能编号、操作数如表4-2-3所示。

表4-2-3　ZRN指令的格式

指令名称	助记符	功能编号	操作数		
			［S1.］［S2.］	［S3.］	［D.］
原点回归	ZRN	FNC156（16/32）	K、H、KnX、KnY、KnM、KnS、T、C、D、V、Z	X、Y、M、S	Y000、Y001

原点回归指令格式应用如图4-2-5所示。

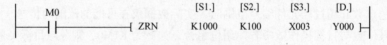

图4-2-5　ZRN的指令格式应用

在执行绝对位置控制指令DRVA与相对位置控制DRV1指令时，PLC利用自身产生的正转脉冲或反转脉冲进行当前值的增减，并将其保存到Y000、Y001各自对应的数据寄存器中。因此，机械的位置始终保持着。但当可编程控制器失电时会消失，因此上电时和初始运行时，必须执行原点回归将机械动作的原点位置的数据事先写入。

① ［S1.］：原点回归速度，指定原点回归开始的速度。

设置范围：［16位指令］10～32 767（Hz）

　　　　　［32位指令］10～100（kHz）

② ［S2.］：爬行速度，指定近点信号（DOG）变为ON后的低速部分的速度。

设置范围：10～32 767 Hz。

③〔S3. 〕：近点信号，指定近点信号输入，多为系统原点位置。

④〔D. 〕：脉冲输出起始地址。仅限于 Y000 或 Y001，且 PLC 的输出必须采用晶体管输出方式。

（2）原点回归动作顺序：原点回归动作按照下述顺序进行。

① 驱动指令后，以原点回归速度〔S1. 〕开始移动。

● 当在原点回归过程中，指令驱动接点变 OFF 状态时，将不减速而停止。

● 指令驱动接点变为 OFF 后，在脉冲输出中监控（Y000：M8147，Y001：M8148）处于 ON 时，将不接受指令的再次驱动。

② 当近点信号（DOG）由 OFF 变为 ON 时，减速至爬运速度〔S2. 〕。

③ 当近点信号（DOG）由 ON 变为 OFF 时，在停止脉冲输出的同时，向当前值寄存器（Y000：〔D8141，D8140〕，Y001：〔D8143，D8142〕）中写入 0。另外，M8140（清零信号输出功能）为 ON 时，同时输出清零信号。随后，当执行完成标志（M8029）动作的同时，脉冲输出中监控变为 OFF。

3. 绝对位置控制指令 FNC158（DRVA）

（1）绝对位置控制指令格式说明：ZRN 的助记符、功能编号、操作数如表 4-2-4 所示。

表 4-2-4　DRVA 指令的格式

指令名称	助记符	功能编号	操作数		
			〔S1. 〕〔S2. 〕	〔S3. 〕	〔D. 〕
绝对位置控制	DRVA	FNC158 （16/32）	K、H、KnX、KnY、KnM、KnS、T、C、D、V、Z	Y、M、S	Y0、Y1

以绝对驱动方式（指定由原点开始距离的方式）执行单速位置控制的指令，指令格式应用如图 4-2-6 所示。

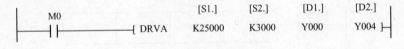

图 4-2-6　绝对位置控制指令

（2）指令格式说明：

① 操作数说明。

● 〔S1. 〕：目标位置（绝对指定），设置范围为 −32 768 ～ +32 767（16 位指令），−999 999 ～ +999 999（32 位指令）。

● 〔S2. 〕：输出脉冲频率，设置范围为 10 ～ 32 767 Hz（16 位指令），10 ～ 100 kHz（32 位指令）。

● 〔D1. 〕：脉冲输出起始地址仅限 Y000、Y001，且 PLC 的输出必须采用晶体管输出方式。

● 〔D2. 〕：旋转方向信号输出起始地址，根据〔S1. 〕和当前位置的差值，按照以下方式动作。

〔＋（正）〕→ ON

〔−（负）〕→ OFF

② 目标位置指令［S1.］，以对应下面的当前值寄存器作为绝对位置。

- 向［Y000］输出时→［D8141（高位），D8140（低位）］（使用 32 位）；向［Y001］输出时→［D8143（高位），D8142（低位）］（使用 32 位）。
- 正转时，当前寄存器的数值增加；反转时，当前值寄存器的数值减小。

③ 旋转方向通过输出脉冲数［S2.］的正负符号指令。

④ 在指令执行过程中，即使改变操作性数的内容，也无法在当前运行中表现出来，只在下一次指令执行时才有效。

⑤ 在指令执行过程中，当指令驱动的接点变为 OFF 时，将减速停止。此时执行完成标志 M8029 不动作。

⑥ 指令驱动接点变为 OFF 后，在脉冲输出中标志（Y000：［M8147］，Y001：［M8148］）处于 ON 时，将不接受指令的再次驱动。

（四）比较指令

CMP 的助记符、功能编号、操作数如表 4-2-5 所示。

表 4-2-5　CMP 指令的格式

指令名称	助　记　符	功能编号	操　作　数	
			［S1.］［S2.］	［S3.］
比较	CMP CMP（P）	FNC10 (16/32)	K、H、KnX、KnY、KnM、KnS、T、C、D、V，Z	Y、M、S

CMP 指令将［S1］与［S2］的内容进行比较，比较结果以［D］中的状态来表示。该指令的使用如图 4-2-7 所示。

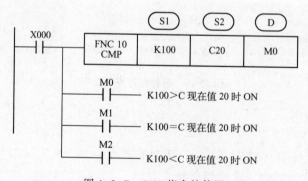

图 4-2-7　CMP 指令的使用

数据比较是按代数形式进行的（有符号）。所有的元数据都按二进制数处理。若目标地址指定 M0，则 M0、M1、M2 将被自动占有。

当 X000 = OFF 时，CMP 指令不执行，M0、M1、M2 保留 X000 断开前的状态。

（五）区间比较指令

ZCP 的助记符、功能编号、操作数如表 4-2-6 所示。

表 4-2-6　ZCP 指令的格式

指令名称	助记符	功能编号	操作数	
			[S1.] [S2.] [S.]	[S3.]
区间比较	ZCP ZCP（P）	FNC11 （16/32）	K、H、KnX、KnY、KnM、 KnS、T、C、D、V、Z	Y、M、S

ZCP 指令将 [S] 中的内容与 [S1] 和 [S2] 的内容进行比较，比较结果以 [D] 中的状态来表示。该指令的使用如图 4-2-8 所示。

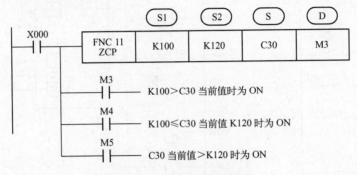

图 4-2-8　ZCP 指令的使用

在图 4-2-8 中，[S1] 和 [S2] 设置的为一个范围值，且 [S1] 的值要小于 [S2] 的值。当 X000 = ON 时，执行区间比较指令，比较定时器 C30 中的当前值是否在 [S1] 和 [S2] 范围内，还是在区间范围外。目标地址指定 M3，则 M3、M4、M5 将被自动占有。

当 X000 = OFF 时，ZCP 指令不执行，M0、M1、M2 保留 X000 断开前的状态。

三、任务实施

1. I/O 分配

运料小车控制系统共有 9 个输入信号，6 个输出信号。其中，输入信号包括来自按钮/指示灯模块的按钮、开关等主令信号，传感器信号、限位开关等；输出信号主要是输出到伺服电动机驱动器的脉冲信号 Y000 和驱动方向信号 Y002，以及各类电磁阀及指示灯。

由于需要输出驱动伺服电动机的高速脉冲，PLC 应采用晶体管输出型。

基于上述考虑，选用三菱 FX1N - 24MT PLC，共 12 点输入，12 点晶体管输出。表 4-2-7 给出了 PLC 的 I/O 信号分配表，I/O 接线原理图如图 4-2-9 所示。

表 4-2-7　运料小车控制系统 I/O 信号分配表

输入信号			输出信号		
输入		功能说明	输出		功能说明
SP	X000	原点位置检测	伺服 驱动器	Y000	脉冲
SQ1	X001	右限位保护		Y002	方向
SQ2	X002	左限位保护	HL1	Y003	原点指示灯
SB1	X010	启动按钮	YV1	Y004	装料电磁阀
SB2	X011	复位按钮	YV2	Y005	卸料电磁阀
QS	X012	急停按钮	HL2	Y006	越位报警指示灯

图4-2-9中，左右两极限开关 SQ2 和 SQ1 的动合触点分别连接到 PLC 输入点 X002 和 X001。晶体管输出的 FX1N 系列 PLC，供电电源采用 AC 220 电源。伺服电动机其他端口接线方式本节不进行详细介绍。

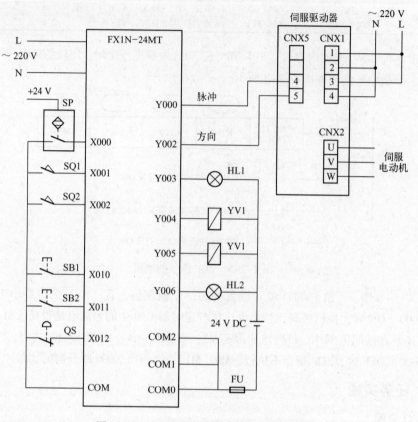

图4-2-9　运料小车控制系统 I/O 接线图

2. 程序设计

（1）编程思路：运料小车控制系统中 PLC、伺服驱动器、伺服电动机、运料小车之间的相互关联说明如下。

晶体管输出型 PLC 发送出一定数量的脉冲（脉冲值相对于绝对位置值）到伺服电动机驱动器，驱动器驱动电动机运行，电动机通过同步轮和同步带带动运料小车做往复直线运动。在运行过程中，电动机自带的编码器反馈信号给驱动器，驱动器根据反馈值与目标值进行比较，调整转子转动的角度，从而保证定位精确度。

运料小车控制系统的关键点与难点是伺服电动机的定位控制，本程序采用 FX1N 绝对位置控制指令来定位。因此，需要知道原点 X000 到卸货点（绝对位置为 500 mm）的绝对位置脉冲数。

由之前的知识，已知同步轮齿距为 5 mm，共 12 个齿，即旋转一周搬运小车位移 60 mm，而电动机编码器反馈脉冲为 2 500 pulse/rev，经过驱动器相应参数设置后为 6 000 pulse/rev（即电动机转动一圈需要接收 6 000 个脉冲）。故 X000 到卸货处的绝对距离为 500 mm，所需要的绝对位置脉冲数为 $\dfrac{500}{60} \times 6\,000 = 50\,000$ 个。

（2）顺序功能图：运料小车控制系统顺序功能图如图 4-2-10 所示。

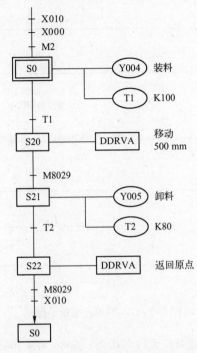

图 4-2-10　运料小车控制系统顺序功能图

（3）梯形图：初始化程序如图 4-2-11 所示，在 PLC 上电瞬间，完成区域状态清零与设置基底速度（D8145）、加减速时间（D8148）、最高速度（D8146）的任务。

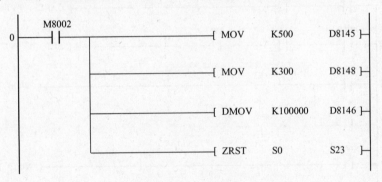

图 4-2-11　初始化程序

回原点复位子程序如图 4-2-12 所示。当小车没有发生越位报警，且按下复位按钮时，程序自动调用回原点子程序。程序中主要运用原点回归指令，指令中 K20000（200 mm/s）为原点回归速度，K1000（10 mm/s）为爬行速度，X000 为原点。当该指令执行完毕时，执行完成标志（M8029）将输出动作。回原点复位子程序返回组程序时带回状态信息 M2。

主程序如图 4-2-13 所示。当小车没有发生越位报警，且按下复位按钮时，程序自动调用回原点子程序。当小车复位到原点时，Y003 指示灯亮，可按下启动按钮，进入顺序控制程序。要注意的是，顺控程序首位用 MC、MCR 主控指令实现功能，当没有发生越位报警且没有按下急停按钮时，程序执行从状态 S0 ～ S23 的动作，否则将越过 S0 ～ S23 处于暂停状态。步 55

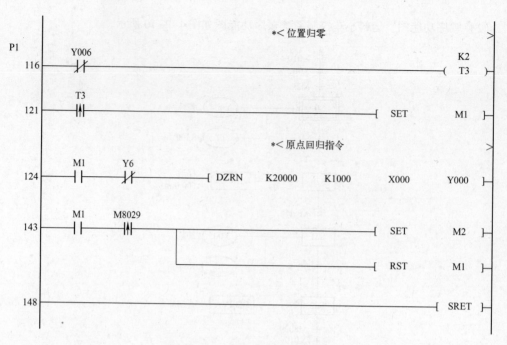

图 4-2-12　回原点复位子程序

为从原点精确移动到卸货处的绝对位置控制指令，步 86 为从卸货处返回到原点指令，由于仍然使用绝对位置控制（目标点与原点的距离值），而原点与自身的距离值为 0，故指令中输出脉冲数为 K0。

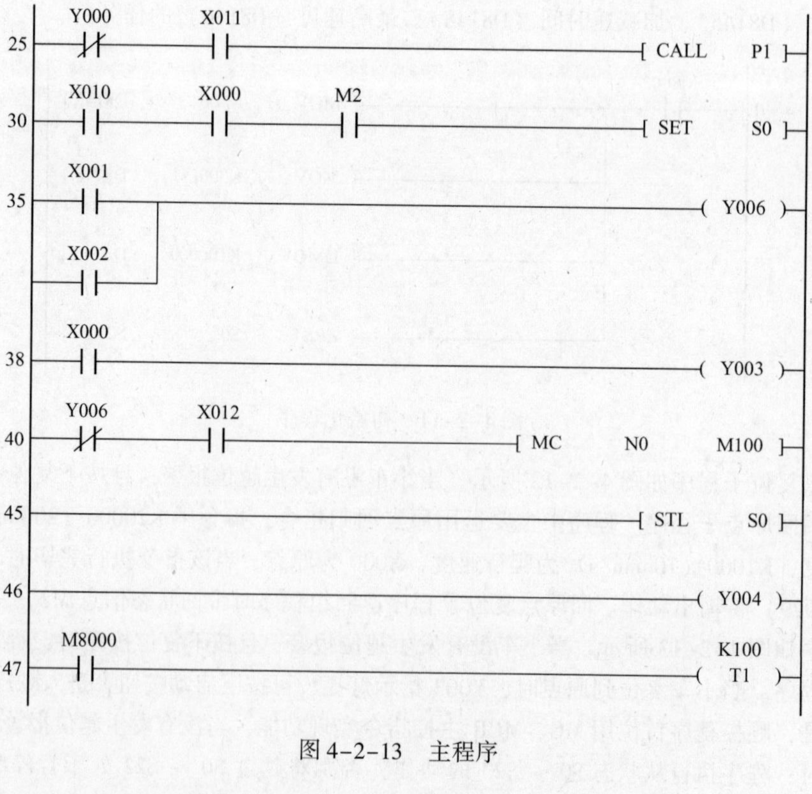

图 4-2-13　主程序

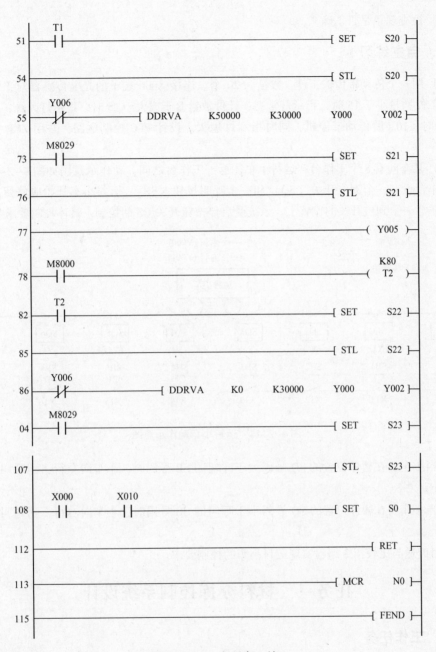

图 4-2-13　主程序（续）

3. 调试运行

（1）按图 4-2-9 所示连接 PLC 的 I/O 接线图，电磁阀、传感器、传动带、电动机等，实物可参考相关自动生产线实训装备。

（2）用 GX Developer 软件编写程序（见图 4-2-11 ～图 4-2-13），下载到 PLC，并运行。

（3）按下启动按钮后观察小车运行状况。

4. 检查与评估

（1）检查 I/O 接线是否正确、规范，I/O 设备是否正常使用。

（2）检查梯形图和指令表的编辑是否正确。

（3）检查现象是否正确。

四、自主练习

（1）用一个传动带传输工件，数量为 20 个。连接 X000 端子的光电传感器对工件进行计数。当工件数量小于 15 时，指示灯常亮；计件数量等于或大于 15 时，指示灯闪烁；当工件数量为 20 时，10 s 后传动带停机，同时指示灯熄灭。设计 PLC 控制电路，并用 ZCP 指令编写程序。

（2）某车间有 8 个工作台，运料小车往返于工作台之间，动作示意图如图 4-2-14 所示。每个工作台设有一个到位开关（SQ）和一个呼叫按钮（SB），运料小车开始应停留在 8 个工作台中任意一个到位开关的位置上，系统受启停按钮开关 QS 的控制。具体控制要求如下：

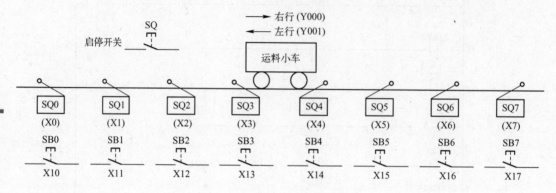

图 4-2-14　运料小车动作示意图

① 当小车所在暂停位置的 SQ 号码大于呼叫的 SB 号码时，小车向左行，到呼叫的 SB 位置后停止。

② 当小车所在暂停位置的 SQ 号码小于呼叫的 SB 号码时，小车向右行，到呼叫的 SB 位置后停止。

试用传送与比较指令编程实现运料小车的控制要求。

任务三　材料分拣控制系统设计

一、工作任务

图 4-3-1 所示为一种材料分拣控制系统结构图，由传动带、交流电动机、编码器、磁性传感器、电磁阀、光电传感器、光纤头（光纤传感器）、电感传感器及其他零部件构成，主要完成来料检测及将不同颜色、不同材质的工件自动推入不同的料槽分流的功能。传动带由三相异步电动机驱动，在传动带入口装有光电传感器用于进料检测，进料检测传感器检测到工件后变频器启动。编码器用于传动带的准确定位。在离入口一定距离处装有电感传感器与光纤传感器，用于提早判别材料性质。材料性质确定后，工件将被传送到对应的物料槽口，物料槽 1、2 由推料气缸推入，物料槽 3 由旋转气缸将物料导入到滑槽内，旋转气缸复位。气缸由 3 个单向电磁阀控制。

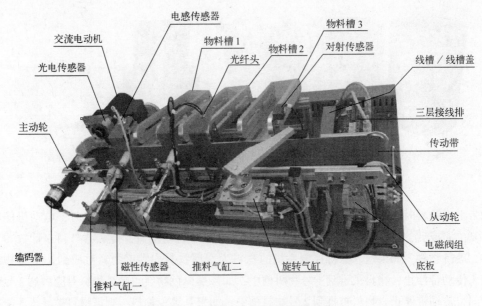

图4-3-1 材料分拣控制系统结构图

主要部件功能描述:

(1) 编码器: 实时提供电动机转速信号, 可以构建传动带电动机转速的闭环控制系统及传动带上工件准确运送至目标位置。

(2) 光电传感器: 用于检测入料口是否有物料。当入料口有物料时给PLC提供输入信号。

(3) 电感传感器: 用于检测金属物料, 检测距离 3 ~ 5 mm。

(4) 光纤传感器: 根据不同颜色材料反射光强度的不同来区分不同的物料。当物料为白色时第一个光纤传感器检测到信号; 当物料为黑色时第二个光纤传感器检测到信号。光纤传感器的检测距离可通过光纤放大器的旋钮调节。

(5) 对射传感器: 由发射器和接收器组成, 发射器直接发射红外波到接收器上。当有物体阻挡接收器的接收时, 接收器输出信号; 根据调节, 也可以使接收器一直有信号, 当有物体阻挡接收器的接收时, 接收器无输出信号; 主要用于物位监控、输送带控制等。

(6) 磁性传感器: 用于推料气缸的位置检测, 当检测到推料气缸准确到位后给PLC发出一个到位信号。

(7) 电磁阀: 推料气缸、旋转气缸均用二位五通带手控开关的单控电磁阀控制, 3个单控电磁阀集中安装在带有消声器的汇流板上。当PLC给电磁阀一个信号时, 电磁阀动作, 对应气缸动作。

(8) 推料气缸: 由单控电磁阀控制。当气动电磁阀得电时, 气缸伸出, 将物料推入物料槽中。

物料材质如图4-3-2所示, 底座分黑色塑料、白色塑料和金属3种, 工件盖为白色。黑色塑料零件加盖后简称黑色物料; 白色塑料零件加盖后简称白色物料; 金属零件加盖后简称金属物料。

初始上电, 系统执行复位, 变频器以固定速度启动电动机运转, 传动带上有物料, 分别为铝制物料、白色物料及黑色物料, 分别被分拣到1号物料槽、2号物料槽和3号物料槽中,

| 黑色物料 | 白色物料 | 金属物料 | 黑色底座 | 工件盖 |

图 4-3-2　材料分类

传动带上无物料时，传动带空运行 5 s 或者高速计数器的计数值超过 2 000 时，电动机停止运行。复位完成后，绿色指示灯以 1 Hz 的频率闪烁。按下启动按钮，传感器与高速计数器双重定位，等待物料。如果送入分拣控制系统的物料为金属物料，则该物料对应到达 1 号物料槽中间，传动带停止，物料被推到 1 号物料槽中；如果是白色物料，则该物料对应到达 2 号物料槽中间，传动带停止，物料被推到 2 号物料槽中；如果是黑色物料，则该物料被导入 3 号物料槽中，传动带停止。物料被分拣到物料槽后，并且指示灯红、黄、绿分别对应以上 3 种物料作为分拣完成标志点亮 1 s，该工作单元的一个工作周期结束。仅当物料被分拣到物料槽后，才能再次向传动带下料。

二、相关知识

（一）旋转编码器简介

旋转编码器是通过光电转换，将输出至轴上的机械、几何位移量转换成脉冲或数字信号的传感器，主要用于速度或位置（角度）的检测。典型的旋转编码器由光栅盘和光电检测装置组成。光栅盘是在一定直径的圆板上等分地开通若干个长方形狭缝。由于光电码盘与电动机同轴，电动机旋转时，光栅盘与电动机同速旋转，经发光二极管等电子元件组成的检测装置检测输出若干脉冲信号。通过计算每秒旋转编码器输出脉冲的个数就能反映当前电动机的转速；通过计算一定时间内旋转编码器输出脉冲的个数就能反映出电动机带动的传动带移动距离。

一般来说，根据旋转编码器产生脉冲的方式的不同，可以分为增量式、绝对式以及复合式三大类。本材料分拣控制系统上常采用的是增量式旋转编码器。

（二）FX2N 系列 PLC 高速计数器

高速计数器是 PLC 的编程软元件，相对于普通计数器，高速计数器用于频率高于机内扫描频率的机外脉冲计数。由于计数信号频率高，计数以中断方式进行，不受 PLC 的扫描周期影响，计数器的当前值等于设置值时，计数器的输出接点立即工作。

FX2N 型 PLC 内置有 21 点高速计数器 C235 ~ C255，每一个高速计数器都为 32 位增/减计数型，设置范围为 − 2 147 483 648 ~ + 2 147 483 648。高速计数器均有断电保持功能，通过参数设置也可变为非断电保持型。高速计数器的类型只要分 1 相 1 计数型、1 相 2 计数型、2 相 2 计数型 3 种。

下面以 FX2N 为例，对高速计数器进行说明，如表 4-3-1 所示。

表 4-3-1　高速计数器一览表

输入端	1相1计数输入											1相2计数输入					2相2计数输入				
	C235	C236	C237	C238	C239	C240	C241	C242	C243	C244	C245	C246	C247	C248	C249	C250	C251	C252	C253	C254	C236
X000	U/D						U/D			U/D		U	U		U		A	A		A	
X001		U/D					R			R		D	D		D		B	B		B	
X002			U/D					U/D			U/D		R		R			R		R	
X003				U/D				R	U/D		R			U		U			A		A
X004					U/D				R					D		D			B		B
X005						U/D								R		R			R		R
X006										S					S					S	
X007											S					S					S

注：表中 U 为增计数输入，D 为减计数输入，A 为 A 相输入，B 为 B 相输入，R 为复位输入，S 为启动输入。

1. 1 相 1 计数型

C235 ～ C240 为无启动/复位输入的无启动/复位输入端的 1 相 1 计数型高速计数器，它对 1 相脉冲计数，故只有一个脉冲输入端，计数方向由程序决定。如图 4-3-3 所示，M8235 = ON 时，C235 为减计数器；M8235 = OFF 时，C235 为加计数器；当 X011 = ON 时，C235 的当前值立即复位为 0；当 X012 = ON 时，C235 开始对 X000 端子输入的信号上升沿计数。

C241 ～ C245 是带启动/复位输入端的 1 相 1 计数高速计数器。如图 4-3-4 所示，使用 M8245 可以设置 C245 为加计数或减计数；当 X011 = ON 时，C245 的当前值立即复位为 0，因 为 C245 带有复位输入端，所以也可以通过外部输入端 X003（见表 4-3-1）复位；又因为 C245 带有启动输入端 X007，所以不仅 X012 = ON 时，同时需要 X007 = ON 的情况下，C235 才 开始计数，计数输入端为 X002。

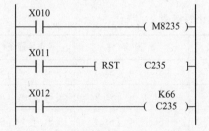

图 4-3-3　1 相无 S/R 高速计数器图

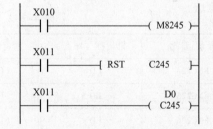

图 4-3-4　1 相带 S/R 高速计数器

2. 1 相 2 计数型

C246 ～ C250 为 1 相 2 计数型高速计数器，这种计数器使用一个 PLC 输入端用于加计数，另一个 PLC 输入端用于减计数，其中几个计数器还有启动端和复位端。如图 4-3-5 所示，X010 = ON 时，C246 复位。当 X010 = OFF，X011 = ON 时，如果输入脉冲信号从 X000 端输入，则此时 C246 为加计数；反之，如果输入脉冲信号从 X001 端输入，则 C246 为减计数。C246 ～ C250 的计数方向可以由监视相应的特殊辅助继电器 M8□□□状态得到。

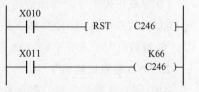

图 4-3-5　1 相 2 计数高速计数器

3. 2相2计数型

C251 ～ C255 为2相2计数（A－B）型高速计数器，这种计数器的计数方向由A相脉冲信号与B相脉冲信号的相位关系决定。如图4-3-6所示，在A相输入接通期间，如果B相输入由OFF变为ON，则计数器为加计数；反之，在A相输入接通期间，如果B相输入由ON变为OFF，则计数器为减计数。

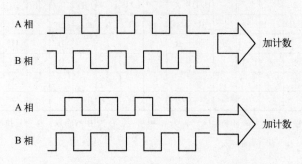

图4-3-6　2相2计数高速计数器的计数方向

如前所述，分拣单元所使用的是具有A、B两相90°相位差的通用型旋转编码器，且Z相脉冲信号没有使用。由表4-3-1，可选用2相2计数高速计数器，例如C251。这时编码器的A、B两相脉冲输出应连接到X000和X001点。

（三）触点比较指令

1. LD触点比较

LD触点比较是连接母线触点比较指令，用于对数据源中的内容进行二进制比较，根据比较结果执行后段的运算。该类指令的助记符、代码、功能如表4-3-2所示。

表4-3-2　LD触点比较指令

功能编号	助记符（16位）	助记符（32位）	导通条件	非导通条件
FNC224	LD =	(D) LD =	[S1.] = [S2.]	[S1.] ≠ [S2.]
FNC225	LD >	(D) LD >	[S1] > [S2.]	[S1.] ≤ [S2.]
FNC226	LD <	(D) LD <	[S1.] < [S2.]	[S1.] ≥ [S2.]
FNC228	LD <>	(D) LD <>	[S1.] ≠ [S2.]	[S1.] = [S2.]
FNC229	LD ≤	(D) LD ≤	[S1.] ≤ [S2.]	[S1.] > [S2.]
FNC230	LD ≥	(D) LD ≥	[S1.] ≥ [S2.]	[S1.] < [S2.]

LD触点比较指令的具体应用如图4-3-7所示。当计数器C10中的当前值等于100时，输出Y000。C251为32位计数器，必须用32位的触点比较指令，否则会出现错误。当计数器C251的当前值大于或等于888888时，同时X001 = ON，则输出Y001并置位。

2. AND触点比较指令

AND触点比较指令是与其他触点串连连接比较指令，用于对数据源中的内容进行二进制比较，根据比较结果执行后段的运算。该类指令的助记符、代码、功能如表4-3-3所示。

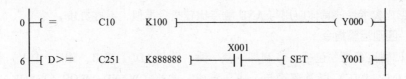

图 4-3-7　LD 触点比较指令的应用

表 4-3-3　AND 触点比较指令

功能编号	助记符（16 位）	助记符（32 位）	导通条件	非导通条件
FNC232	AND =	（D）AND =	[S1.] = [S2.]	[S1.] ≠ [S2.]
FNC233	AND >	（D）AND >	[S1] > [S2.]	[S1.] ≤ [S2.]
FNC234	AND <	（D）AND <	[S1.] < [S2.]	[S1.] ≥ [S2.]
FNC236	AND < >	（D）AND < >	[S1.] ≠ [S2.]	[S1.] = [S2.]
FNC237	AND≤	（D）AND≤	[S1.] ≤ [S2.]	[S1.] > [S2.]
FNC238	AND≥	（D）AND≥	[S1.] ≥ [S2.]	[S1.] < [S2.]

AND 触点比较指令的具体应用如图 4-3-8 所示。X000 = ON，且计数器 C10 中的当前值等于 100 时，输出 Y000。当 X001 = ON，且 D0 里的值不等于 2 时，则输出 Y001 并置位。C251 为 32 位计数器，必须用 32 位的触点比较指令，否则会出现错误。当 X003 = ON 且计数器 C251 的当前值小于 888888 时，则输出 M10。

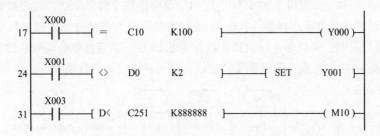

图 4-3-8　AND 触点比较指令的应用

3. OR 触点比较指令

OR 触点比较指令是与其他触点并联连接比较指令，用于对数据源中的内容进行二进制比较，根据比较结果执行后段的运算。该类指令的助记符、代码、功能如表 4-3-4 所示。

表 4-3-4　OR 触点比较指令

功能编号	助记符（16 位）	助记符（32 位）	导通条件	非导通条件
FNC240	OR =	（D）OR =	[S1.] = [S2.]	[S1.] ≠ [S2.]
FNC241	OR >	（D）OR >	[S1] > [S2.]	[S1.] ≤ [S2.]
FNC242	OR <	（D）OR <	[S1.] < [S2.]	[S1.] ≥ [S2.]
FNC244	OR < >	（D）OR < >	[S1.] ≠ [S2.]	[S1.] = [S2.]
FNC245	OR≤	（D）OR≤	[S1.] ≤ [S2.]	[S1.] > [S2.]
FNC246	OR≥	（D）OR≥	[S1.] ≥ [S2.]	[S1.] < [S2.]

OR 触点比较指令的具体应用与 AND 触点比较指令类似，不再赘述。

（四） 四则运算指令

PLC 的四则运算指令包括二进制加、减、乘、除（ADD、SUB、MUL、DIV）和二进制递增、递减（INC、DEC）以及逻辑与、或、异或、求补（WAND、WOR、WXOR、NEG）等。本节重点介绍 ADD、SUB、MUL、DIV、INC、DEC 指令。

1. 二进制加、减、乘、除指令

二进制加、减、乘、除（ADD、SUB、MUL、DIV）指令的助记符、功能编号、操作数如表 4-3-5 所示。

表 4-3-5   ADD、SUB、MUL、DIV 指令的格式

指令名称	助记符	功能编号	操作数	
			[S1.] [S2.]	[D.]
二进制加法	ADD	FNC20 (16/32)	K、H、KnX、KnY、KnM、KnS、T、C、D、V、Z	KnY、KnM、KnS、T、C、D、V、Z
二进制减法	SUB	FNC21 (16/32)		
二进制乘法	MUL	FNC22 (16/32)		
二进制除法	DIV	FNC23 (16/32)		

如图 4-3-9 所示，加法指令 ADD 用于将两个源操作数 [S1] [S2] 内的数值进行二进制加法后将计算结果送到目标操作数 [D]。各数据的最高位为符号位，数据以代数形式进行运算。进行 32 位计算时，将自动将指定操作数作为低 16 位，指定操作数编号后的下一个操作数 [D+1] 作为高 16 位。为避免编号重复，建议将软元件指定为偶数编号。

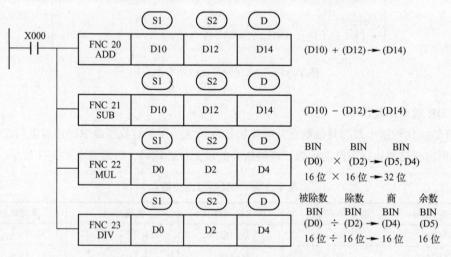

图 4-3-9   ADD、SUB、MUL、DIV 的使用

减法指令 SUB 将指定的源操作数 [S1] [S2] 内的数值进行二进制相减，结果存入目标操作数 [D] 中。各数据的最高位为符号位，数据以代数形式进行运算。

乘法指令 MUL 将指定的源操作数 [S1] [S2] 内数值进行二进制相乘，结果以 32 位数据

形式存入目标操作数［D］（低位）以及紧接其后的操作数［D＋1］（高位）中。各数据的最高位为符号位，数据以代数形式进行运算。

除法指令 DIV 将指定的源操作数［S1］（被除数）［S2］（除数）内数值进行二进制相除，商送到目标操作数［D］中，余数送到目标操作数的下一个操作数［D＋1］中，各数据的最高位为符号位。

2. 二进制递增、递减指令

二进制递增、递减（INC、DEC）指令的助记符、功能编号、操作数如表4-3-6所示。

表4-3-6　INC、DEC 指令的格式

指令名称	助记符	功能编号	操作数	
			［S1.］［S2.］	［D.］
递增	INC	FNC24		KnY、KnM、KnS、T、C、D、V、Z
递减	DEC	FNC25		

如图4-3-10所示，当执行条件 X000＝ON 时，目标操作数［D］中的内容就加1，标志位不受影响。若是连续执行型指令，每个扫描周期都会执行加1运算。递减指令 DEC 的使用与 INC 类似，当 X001＝ON 时，递减指令 DEC 将目标操作数［D］中的内容自动减1，标志位不受影响。

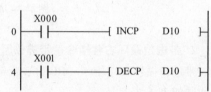

图4-3-10　INC、DEC 指令的使用

（五）移位指令

PLC 的循环移位指令包括：右循环移位指令（ROR）、左循环移位指令（ROL）、带进位循环右移指令（RCR）、带进位循环左移指令（RCL）、字右移位指令（WSFR）、字左移位指令（WSFL）、先入先出写入指令（SFWR）、读出指令（SFRD）、位右移指令（SFTR）、位左移指令（SFTL）等，本节主要介绍 ROR、ROL、RCR、RCL SFTR、SFTL 指令。

1. 右循环移位指令、左循环移位指令

右循环移位指令（ROR）、左循环移位指令（ROL）指令的助记符、功能编号、操作数如表4-3-7所示。

表4-3-7　ROR、ROL 指令的格式

指令名称	助记符	功能编号	操作数
			［D.］
右移位	ROR	FNC30 (16/32)	KnY、KnM、KnS、T、C、D、V、Z
左移位	ROL	FNC31 (16/32)	

如图4-3-11（a）所示，当 X000 从 OFF 到 ON 每变化一次时，将进行4位循环左位移，循环过程中有进位标志。如果是连续执行型指令，每一个扫描周期都进行循环运算，务必引起注意。图4-3-11（b）中循环右移指令应用原理与循环左移类似，不再赘述。

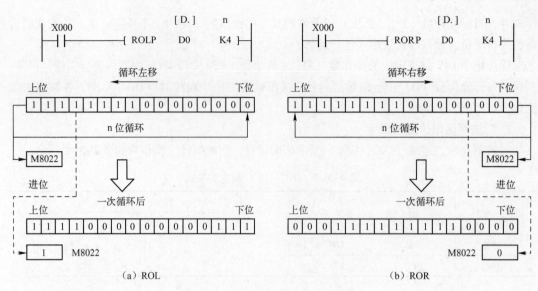

（a）ROL　　　　　　　　　　　　　　（b）ROR

图4-3-11　ROR、ROL 指令的使用

2. 带进位循环右移指令、带进位循环左移指令

带进位循环右移指令（RCR）、带进位循环左移指令（RCL）指令的助记符、功能编号、操作数如表4-3-8所示。

表4-3-8　RCR、RCL 指令的格式

指令名称	助记符	功能编号	操作数
			[D.]
带进位右循环移位	RCR	FNC32 (16/32)	KnY、KnM、KnS、T、C、D、V、Z
带进位左循环移位	RCL	FNC33 (16/32)	

如图4-3-12（a）所示，当X000从OFF到ON每变化一次时，将进行4位带进位循环左位移，循环过程中有进位标志。如果是连续执行型指令，每一个扫描周期都进行循环运算，务必引起注意。图4-3-12（b）图中RCR指令应用原理与RCL类似，不再赘述。

3. 位右移指令、位左移指令

位右移指令 SFTR、位左移指令 SFTL 的助记符、功能编号、操作数如表 4-3-9所示。

表4-3-9　SFTR、SFTL 指令的格式

指令名称	助记符	功能编号	操作数		
			[S.]	[D.]	n1、n2
位右移	SFTR	FNC34 (32)	X、Y、M、S	Y、M、S	K、H
位左移	SFTL	FNC35 (32)			

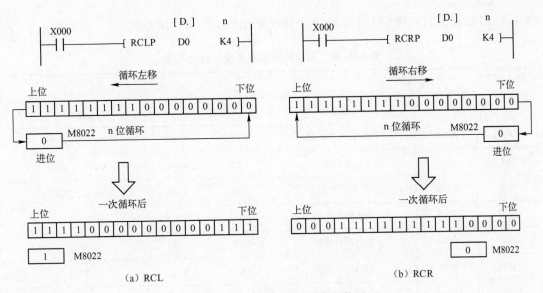

(a) RCL   (b) RCR

图 4-3-12　RCR、RCL 指令的使用

如图 4-3-13 所示，SFTR 指令用于对 n1 位的位元件进行 n2 位右移动的指令（n1 > = n2），即指令执行时执行 n2 位的移动。采用脉冲执行型指令时，当 X000 从 OFF 到 ON 每变化一次时，执行 n2 位的右移动。如果是连续执行型指令，每一个扫描周期都进行循环运算，务必引起注意。

SFTL 指令的应用原理与 SFTR 类似，不再赘述。

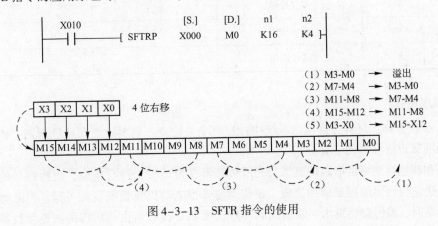

图 4-3-13　SFTR 指令的使用

三、任务实施

1. I/O 分配

材料分拣控制系统共有 14 个输入信号，7 个输出信号。其中，输入信号包括来自编码器、传感器信号等 X000 ～ X011，按钮/指示灯模块的按钮、开关等主令信号 X12 ～ X15；输出信号主要是输出到气动电磁阀 Y000 ～ Y002、信号指示灯的 Y007 ～ Y011 及电动机接触器线圈 Y014。

基于上述考虑，选用三菱 FX2N－48MR PLC，共 24 点输入，24 点继电器输出。

表4-3-10 给出了 PLC 的 I/O 信号表，I/O 接线原理图如图 4-3-14 所示。

表 4-3-10 材料分拣控制系统 I/O 分配表

输 入 信 号		输 出 信 号		
输入	功能说明	输出		功能说明
编码器 X000	旋转编码器 A 相	YV1	Y000	推杆一电磁阀
SC1 X001	入库检测	YV2	Y001	推杆二电磁阀
SC2 X002	入料口检测	YV3	Y002	旋转气缸电磁阀
SC3 X003	白色物料检测	HL1	Y007	红灯
SC4 X004	黑色物料检测	HL2	Y010	黄灯
SP1 X005	铝制物料检测	HL3	Y011	绿灯
SP2 X006	推杆一伸出到位	KM	Y014	电动机接触器线圈
SP3 X007	推杆二伸出到位			
SP4 X010	旋转缸旋转到位			
SP5 X011	旋转缸旋转复位			
SB1 X012	停止按钮			
SB2 X013	复位按钮			
SB3 X014	启动按钮			
QS X015	急停按钮			

2. 程序设计

（1）编程思路：材料分拣控制系统中存在两个关键点：物料材质和颜色判别；物料在传动带上的准确定位（以便于分流）。

材料和颜色判别可由电感传感器与光纤传感器在传动带上进行检测，而物料在传动带上的准确传送定位则由编码器辅助完成。编码器与异步电动机转轴安装在一起，当电动机带动传动带移动时，编码器将发出一系列的脉冲数，被 PLC 接收后由其内部的高速计数器计算具体脉冲值，若能事先测算出单位脉冲值所走过的距离，即脉冲当量，就能得到准确测试到从物料入口处到达各个物料槽需要的各个脉冲值。图 4-3-15 所示为现场脉冲值测试程序。运行 PLC 程序，并置于监控方式。在传动带进料口中心处放下物料后，按启动按钮启动运行。物料被传送到一段较长的距离后，按下停止按钮停止运行。观察监控界面上 C235 的读数，并记录在表 4-3-11 中，则单位脉冲数内移动的距离值 u = 物料移动距离/高速计数脉冲数。试验 3 次后，计算 u 平均值作为现场测量值。然后，再根据现场测试 u 值，计算出物料从入口处到达各料槽需要的脉冲数，即脉冲数 = 距离/u。

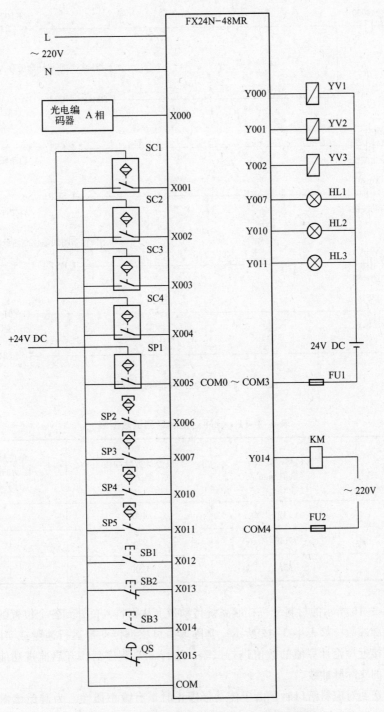

图 4-3-14 材料分拣控制系统 I/O 接线原理图

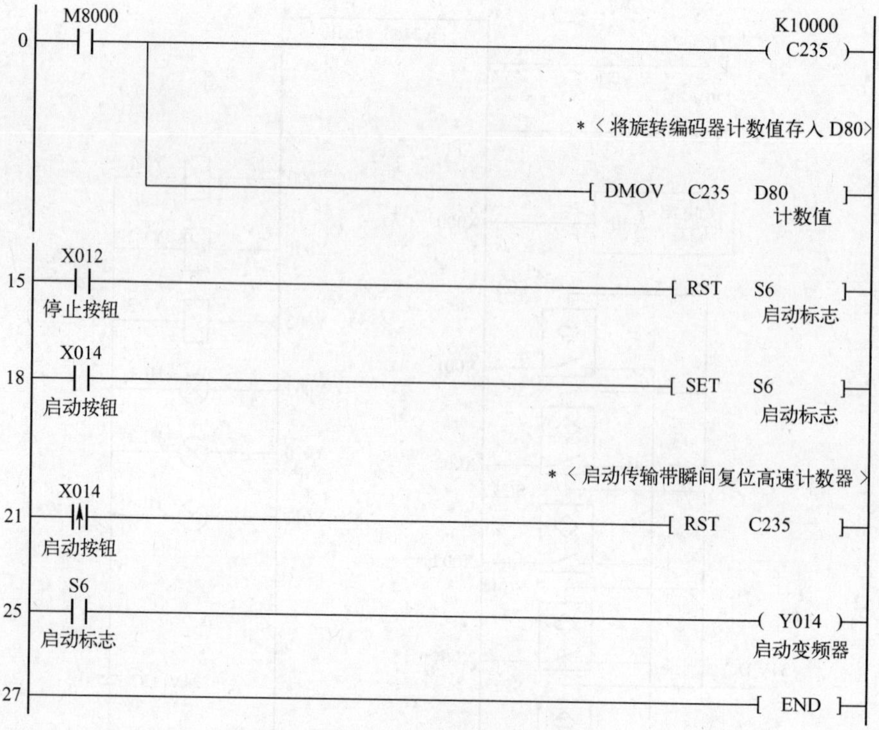

```
0    M8000                                                    K10000
     ─┤├──┬─────────────────────────────────────────────────( C235 )

                                      *〈将旋转编码器计数值存入 D80〉

         └──────────────────────────────[ DMOV  C235  D80 ]
                                                       计数值

15   X012
     ─┤├──────────────────────────────────────────[ RST   S6 ]
     停止按钮                                              启动标志

18   X014
     ─┤├──────────────────────────────────────────[ SET   S6 ]
     启动按钮                                              启动标志

                                      *〈启动传输带瞬间复位高速计数器〉

21   X014
     ─┤↑├─────────────────────────────────────────[ RST   C235 ]
     启动按钮

25   S6
     ─┤├──────────────────────────────────────────────( Y014 )
     启动标志                                              启动变频器

27   ─────────────────────────────────────────────────[ END ]
```

图 4-3-15　现场脉冲值测试程序

表 4-3-11　脉冲当量现场测试数据表

内 容 序 号	物料移动距离 （测量值/mm）	高速计数脉冲数 （测试值）	单位脉冲数内 移动的距离值 u （计算值/mm）
第一次	112	400	0.280
第二次	260	925	0.281
第三次	335	1200	0.279

根据图 4-3-16 所示的材料分拣控制系统传动带上从物料入口处到各个位置的距离，可分别算出相应的脉冲数，如表 4-3-12 所示。实际取值可根据传动带运行速度或实际安装紧度，现场输入一些接近理论计算值的数值进行试验。运行 PLC 程序后，开启监视功能，验证物料经过各位置处的实际脉冲数。

当物料传送到对应料槽口时，由于传动带停止时带有微小惯性，为避免该惯性造成的细小误差，停车位置应稍前于入口到料槽 1 位置，即 < 500。入口到料槽 2 位的置类似，此处不再赘述。对于入口到料槽 3 的位置，由于此处有旋转气缸导入到料槽 3，所以只有提前根据黑色物体检测信号将旋转气缸导出，等传动带运行一段距离物料入库后，根据脉冲量再停止传动带即可，停车位置应稍后于入口到料槽 3 位置，即 > 1 457，对应的设置数值只需要与脉冲采集存储地址 D80 进行比较即可。

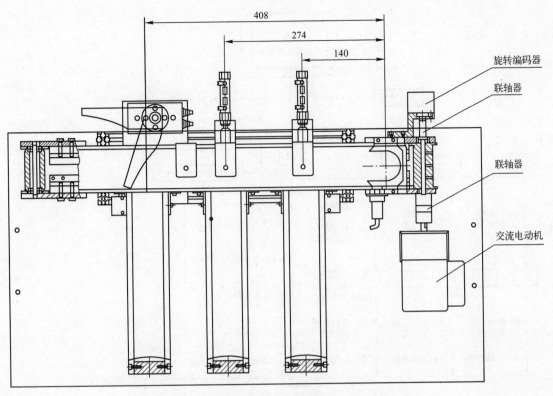

图 4-3-16　材料分拣控制系统传动带位置计算用图

表 4-3-12　传动带上各位置对应的脉冲数

内 容 分 类	入口到料槽 1	入口到料槽 2	入口到料槽 3
理论计算值	500	978	1 457
实际建议值	<500，如 400	<978，如 958	>1 457，如 1 480

（2）步进控制流程时序图：材料分拣控制系统步进控制流程时序图如图 4-3-17 所示。

材料分拣过程可用一个步进顺控程序完成，编程思路如下：

① 上电初始化，复位及开启高速计数器 C235。C235 当前值与传感器位置值的比较采用触点比较指令实现。

② 复位过程：包括传动带上有物料，分别为铝制物料、白色物料及黑色物料的分拣，变频器以固定速度启动电动机运转；传动带上无物料时，传动带空运行 5 s 或者高速计数器的计数值超过 2 000 时，电动机停止运行。复位完成后，绿色指示灯以 1 Hz 的频率闪烁。

③ 启动分拣运行过程：对铝制物料、白色物料、黑色物料进行分拣，传感器与高速计数器双重定位。根据物料属性和分拣任务要求，在相应的推料气缸位置把物料推出或者旋转气缸把物料导出，并且指示灯红、黄、绿分别对应以上 3 种物料作为标志亮 1 s。气缸返回后，步进顺控子程序返回 S6 步，循环进行物料的分拣。

④ 状态位输出部分：交流电动机、电磁阀、定时器及指示灯的输出显示。

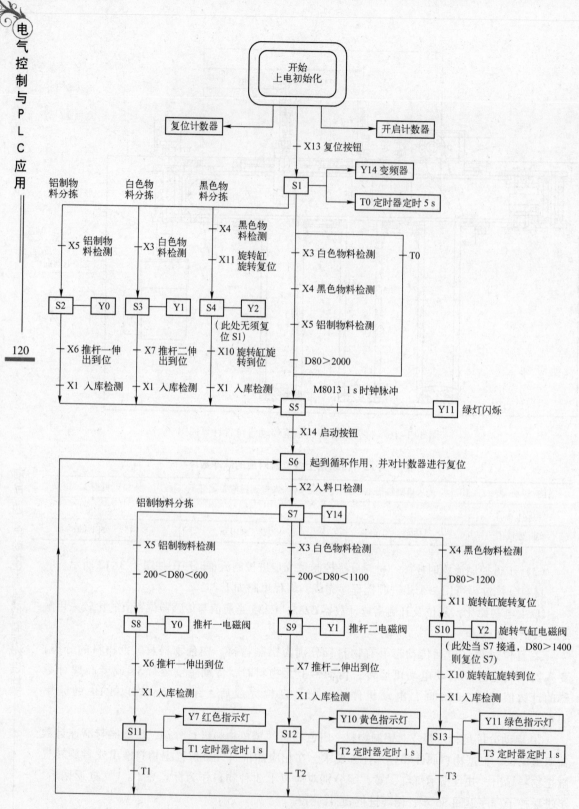

图4-3-17 步进控制流程时序图

（3）梯形图：具体程序如图4-3-18～图4-3-23所示。

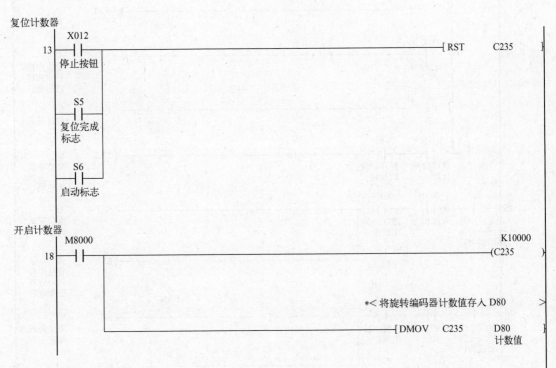

图4-3-18　上电初始化程序

图4-3-19　复位及开启计数器程序

3. 调试运行

（1）按图4-3-14所示连接PLC的I/O接线图，电磁阀、传感器、传动带、光电编码器等，实物可参考相关自动生产线实训装备。

（2）将图4-3-15所示程序编写并下载到PLC，运行监视，测算实际脉冲数。

（3）根据图4-3-18～图4-3-23编写完整程序，并下载到PLC，运行。

（4）在传动带入口处放上工件，按下启动按钮后材料分拣情况。

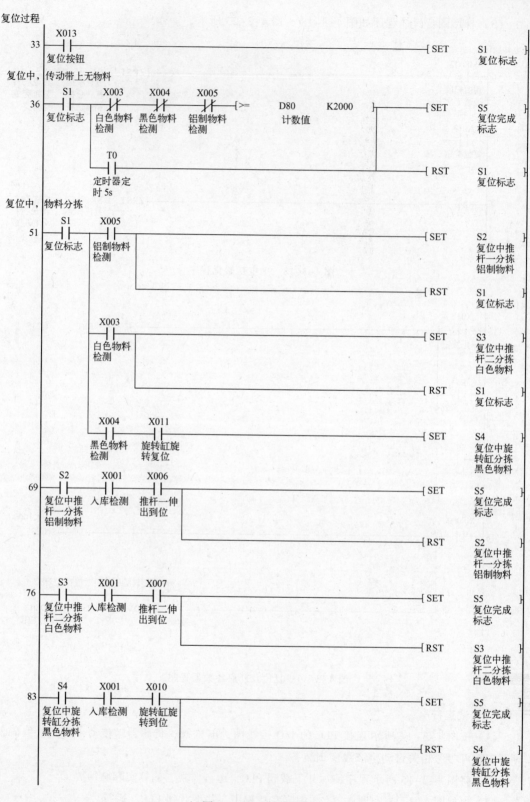

复位过程

33 X013
复位按钮
                                                                [SET   S1
                                                                         复位标志

复位中，传动带上无物料

36 S1   X003   X004   X005
复位标志   白色物料   黑色物料   铝制物料   [>=   D80   K2000]   [SET   S5
            检测   检测   检测   计数值   复位完成
                                                                                 标志

            T0
                                                                        [RST   S1
            定时器定   复位标志
            时 5s

复位中，物料分拣

51 S1   X005
复位标志   铝制物料   [SET   S2
            检测   复位中推
                                                                         杆一分拣
                                                                         铝制物料

                                                                [RST   S1
                                                                         复位标志

            X003
            白色物料   [SET   S3
            检测   复位中推
                                                                         杆二分拣
                                                                         白色物料

                                                                [RST   S1
                                                                         复位标志

            X004   X011
            黑色物料   旋转缸旋   [SET   S4
            检测   转复位   复位中旋
                                                                         转缸分拣
                                                                         黑色物料

69 S2   X001   X006
复位中推   入库检测   推杆一伸   [SET   S5
杆一分拣   出到位   复位完成
铝制物料   标志

                                                                [RST   S2
                                                                         复位中推
                                                                         杆一分拣
                                                                         铝制物料

76 S3   X001   X007
复位中推   入库检测   推杆二伸   [SET   S5
杆二分拣   出到位   复位完成
白色物料   标志

                                                                [RST   S3
                                                                         复位中推
                                                                         杆二分拣
                                                                         白色物料

83 S4   X001   X010
复位中旋   入库检测   旋转缸旋   [SET   S5
转缸分拣   转到位   复位完成
黑色物料   标志

                                                                [RST   S4
                                                                         复位中旋
                                                                         转缸分拣
                                                                         黑色物料

图 4-3-20　复位程序

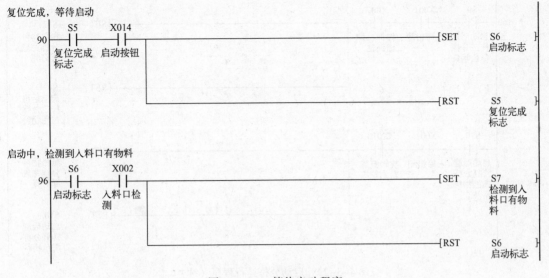

图4-3-21 等待启动程序

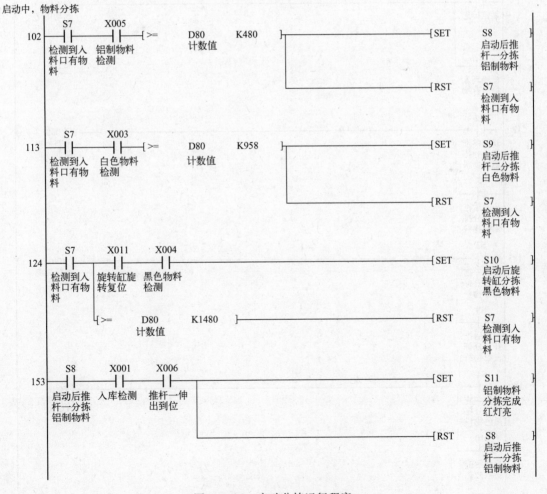

图4-3-22 启动分拣运行程序

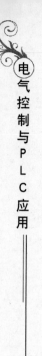

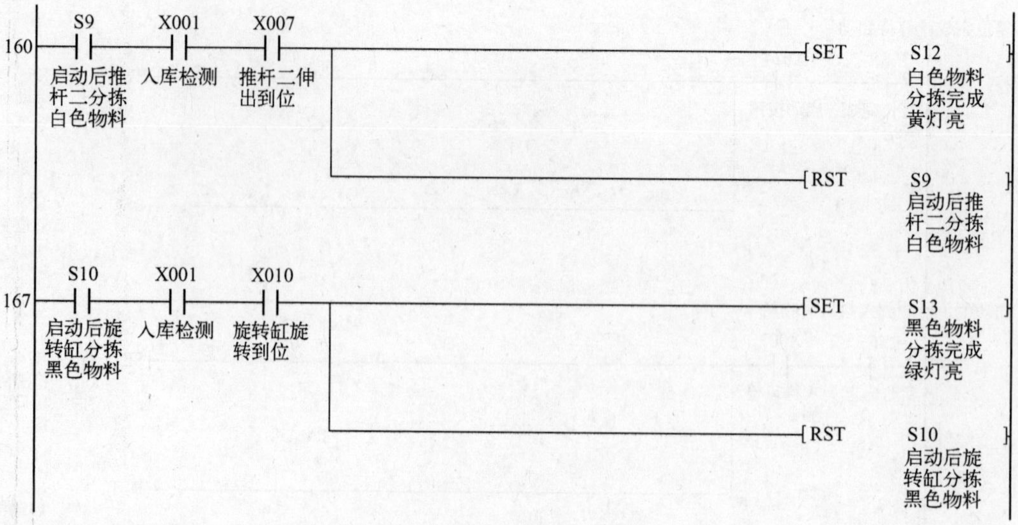

160　S9　　　X001　　　X007　　　　　　　　　　　　　　　　　　　　　　　　　　[SET　　S12
　　　启动后推　　入库检测　　推杆二伸　　　　　　　　　　　　　　　　　　　　　　白色物料
　　　杆二分拣　　　　　　　　出到位　　　　　　　　　　　　　　　　　　　　　　　分拣完成
　　　白色物料　　　　　　　　　　　　　　　　　　　　　　　　　　　　　　　　　　黄灯亮

　　[RST　　S9
　　启动后推
　　杆二分拣
　　白色物料

167　S10　　　X001　　　X010　　　　　　　　　　　　　　　　　　　　　　　　　[SET　　S13
　　　启动后旋　　入库检测　　旋转缸旋　　　　　　　　　　　　　　　　　　　　　　黑色物料
　　　转缸分拣　　　　　　　　转到位　　　　　　　　　　　　　　　　　　　　　　　分拣完成
　　　黑色物料　　　　　　　　　　　　　　　　　　　　　　　　　　　　　　　　　　绿灯亮

　　[RST　　S10
　　启动后旋
　　转缸分拣
　　黑色物料

图 4-3-22　启动分拣运行程序（续）

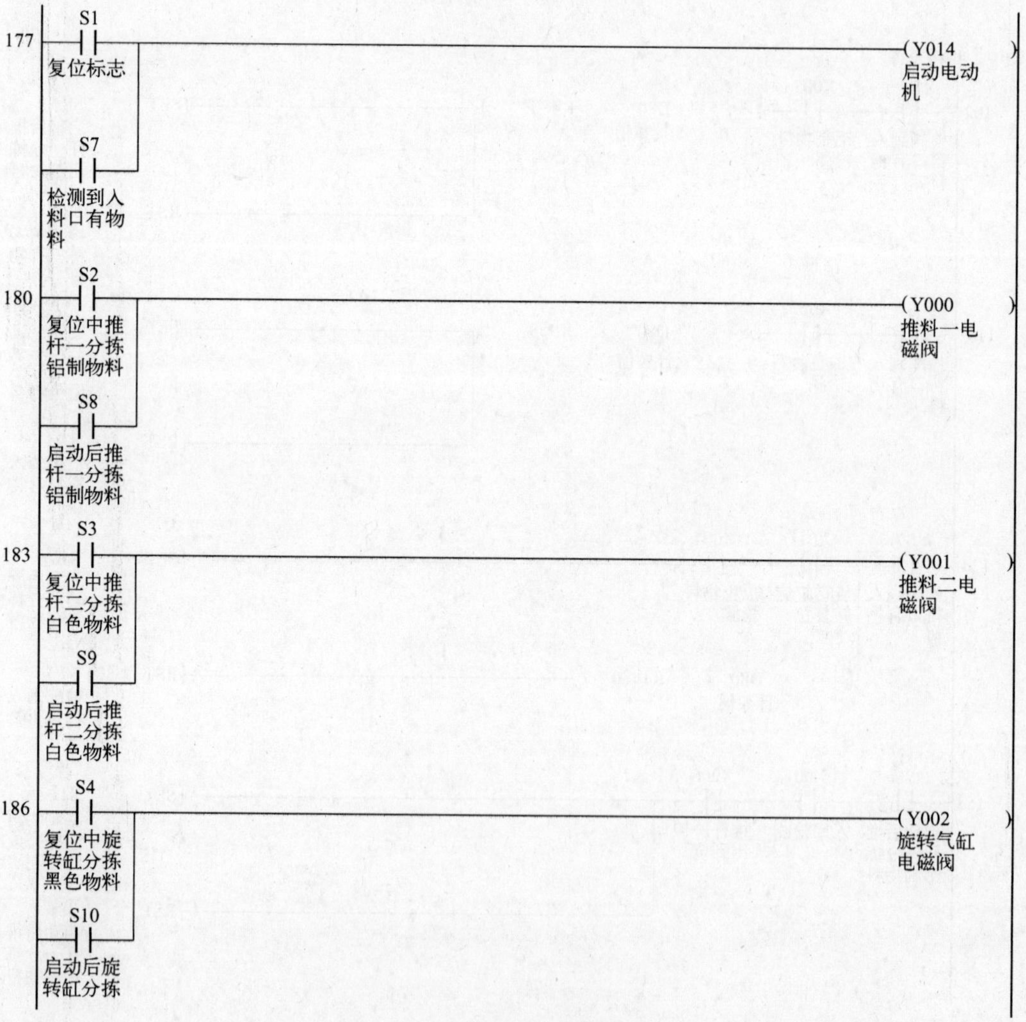

177　S1　　　　　　　　　　　　　　　　　　　　　　　　　　　　　　　　　　　　（Y014　）
　　　复位标志　　　　　　　　　　　　　　　　　　　　　　　　　　　　　　　　　启动电动
　　机

　　　S7
　　　检测到入
　　　料口有物
　　　料

180　S2　　　　　　　　　　　　　　　　　　　　　　　　　　　　　　　　　　　　（Y000　）
　　　复位中推　　　　　　　　　　　　　　　　　　　　　　　　　　　　　　　　　推料一电
　　　杆一分拣　　　　　　　　　　　　　　　　　　　　　　　　　　　　　　　　　磁阀
　　　铝制物料

　　　S8
　　　启动后推
　　　杆一分拣
　　　铝制物料

183　S3　　　　　　　　　　　　　　　　　　　　　　　　　　　　　　　　　　　　（Y001　）
　　　复位中推　　　　　　　　　　　　　　　　　　　　　　　　　　　　　　　　　推料二电
　　　杆二分拣　　　　　　　　　　　　　　　　　　　　　　　　　　　　　　　　　磁阀
　　　白色物料

　　　S9
　　　启动后推
　　　杆二分拣
　　　白色物料

186　S4　　　　　　　　　　　　　　　　　　　　　　　　　　　　　　　　　　　　（Y002　）
　　　复位中旋　　　　　　　　　　　　　　　　　　　　　　　　　　　　　　　　　旋转气缸
　　　转缸分拣　　　　　　　　　　　　　　　　　　　　　　　　　　　　　　　　　电磁阀
　　　黑色物料

　　　S10
　　　启动后旋
　　　转缸分拣

图 4-3-23　执行机构动作程序

4. 检查与评估

（1）检查 I/O 接线是否正确、规范，I/O 设备是否正常使用。

（2）检查梯形图和指令表的编辑是否正确。

（3）检查现象是否正确。

四、自主练习

材料分拣控制系统的料槽分流情况更改如下：

假设一个白芯金属工件和一个黑芯金属工件搭配组合成一组套件为第一种套件关系，一个白芯塑料工件和一个黑芯塑料工件搭配组合成一组套件为第二种套件关系。

（1）推入 1 号料槽的工件应满足第一种套件关系；推入 2 号料槽的工件应满足第二种套件关系。分拣时不满足上述套件关系的工件被推入 3 号料槽作为散件。

（2）进入 1 号料槽或 2 号料槽工件的总套件数达到指定数量时，一批生产任务完成，系统停止工作。

使用四则运算指令修改程序后下载到 PLC 中调试运行。

任务四　自动化生产线多站通信控制系统设计

一、工作任务

图 4-4-1 所示为某自动化生产线由机械手控制站、运料小车控制站、材料分拣控制站 3 个工作站组成，各工作站均设置一台 PLC 承担其控制任务，各 PLC 之间通过 RS-485 串行通信的 N：N 通信方式实现互连，构成分布式的控制系统。其中，运料小车站设为主站，其他 2 站设为从站。

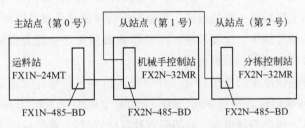

图 4-4-1　自动化生产线通信系统构成图

自动化生产线的工作流程为：

（1）机械手控制站：机械手从工作台 A 上抓取一个圆柱形工件后，向左旋转，将工件放到运料小车上。

（2）运料小车控制站：运料小车检测到工件后，从原点以不小于 300 mm/s 的速度向左精确定位移动到材料分拣控制站，并将工件放到材料分拣控制站工件检测台上后，自动返回原点。

（3）材料分拣控制站：工件检测台上检测到工件后，完成将不同颜色不同材质的工件自动推入不同的料槽分流的功能。1 号料槽存放白芯金属工件，2 号料槽存放白芯塑料工件，3 号料槽存放黑芯金属和黑芯塑料工件。传动带上的工件被推入相应料槽后，自动化生产线的一个工作周期结束。

自动化生产线上各工作站的控制要求与本任务之前几节内容相同，本节不再赘述。下面主要介绍自动化生产线上多站通信的相关知识及设置方法与编程举例。

二、相关知识

（一）通信基础

1. 通信系统

随着计算机网络技术的发展，现代企业的自动化程度越来越高。在大型控制系统中，由于控制任务复杂，点数过多，各任务间的数字量、模拟量相互交叉，因而出现了紧靠增强单机的控制功能及点数已难以胜任的现象。所以，PLC 生产厂家为了适应复杂生产的需要，也为了便于对 PLC 进行监控，均开发了各自的 PLC 通信技术及 PLC 通信网络。

PLC 的通信就是指 PLC 与计算机之间、PLC 与 PLC 之间、PLC 与其他智能设备之间的数据通信。PLC 的联网就是为了提高系统的控制功能和范围，将分布在不同位置的 PLC 之间、PLC 与计算机、PLC 与智能设备通过通信介质连接起来，按照规定的通信协议，以某种特定的通信方式高效率地完成数据的传送、交换和处理。

2. 通信方式

（1）并行通信和串行通信：

① 并行通信：以字节或字为单位的数据传输方式。除了 8 根或 16 根数据线、1 根公共线外，还需要数据通信联络的控制线。

并行通信传输速度快，但通信线路多、成本高，适合近距离数据高速传送。PLC 通信系统中，并行通信方式一般发生在内部各元件之间、主机与扩展模块或近距离智能模板的处理器之间。

② 串行通信：以二进制位（bit）为单位的数据传输方式，每次传送一位，除了地线外，在一个数据传输方向上只需要一根数据线，既做数据线又做通信联络控制线。

串行通信需要的信号线少，速度较慢，在长距离数据传送中较为合适。串行通信多用于 PLC 与计算机、多台 PLC 之间的数据通信。

传输速度是评价通信速度的重要指标。在串行通信中，传输速度通常用比特率表示，单位是 bit/s。常用的标准传输速率有 300、600、1 200、2 400、4 800、9 600 和 19 200 bit/s 等。不同的串行通信的传输速率差别极大，有的只有数百比特/秒，有的可达 100 Mbit/s。

（2）异步方式与同步方式。串行通信数据的传送是一位一位分时进行的。根据串行通信数据传输方式的不同可以分为异步方式和同步方式。

① 异步方式又称起止方式，异步通信中，数据通常以字符或字节为单位组成字符帧传送。如图 4-4-2 所示，在发送字符时，要先发送起始位，然后才是字符本身，最后是停止位。字符之后还可以加入奇偶校验位。

异步传送较为简单，但要增加传送位，将影响传输速率，多用于低速通信，PLC 网络多采用异步方式传送数据。

② 同步通信以字节为单位传送数据。一次通信只传送一帧信息，包含 1～2 个同步字符，若干个数据字符和校验字符。同步字符起联络作用，用它来通知接收方开

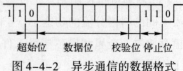

图 4-4-2　异步通信的数据格式

始接收数据。在同步通信中，发送方和接收方要保持完全同步。

在近距离通信时，可以在传输线中设置 1 根时钟信号线。在远距离通信时，可以在数据流中提取同步信号，使接收方与发送方完全相同地接收时钟信号。

同步方式传递数据虽提高了数据的传输速率，但对通信系统要求较高，多用于高速通信。

3. 数据传送方式

在串行通信中，数据通常是在两个站（如终端和微机）之间进行传送，按照数据流的方向可分成 3 种基本的传送方式：全双工、半双工和单工。但单工目前已很少采用。

（1）全双工方式：当数据的发送和接收分流，分别由两根不同的传输线传送时，通信双方都能在同一时刻进行发送和接收操作，这样的传送方式就是全双工制（Full Duplex），如图 4-4-3 所示。在全双工方式下，通信系统的每一端都设置了发送器和接收器，因此，能控制数据同时在两个方向上传送。全双工方式无须进行方向的切换，因此，没有切换操作所产生的时间延迟，这对那些不能有时间延误的交互式应用（例如远程监测和控制系统）十分有利。这种方式要求通信双方均有发送器和接收器，同时，需要 2 根数据线传送数据信号。

（2）半双工方式：若使用同一根传输线既做接收线又做发送线，虽然数据可以在两个方向上传送，但通信双方不能同时收发数据，这样的传送方式就是半双工制（Half Duplex），如图 4-4-4 所示。采用半双工方式时，通信系统每一端的发送器和接收器，通过收/发开关转接到通信线上，进行方向的切换，因此，会产生时间延迟。收/发开关实际上是由软件控制的电子开关。

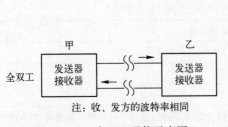

图 4-4-3 全双工通信示意图

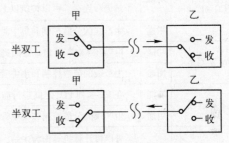

图 4-4-4 半双工通信示意图

（3）单工方式：如果在通信过程的任意时刻，信息只能由甲方传到乙方，则称为单工，如图 4-4-5 所示。

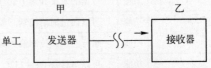

图 4-4-5 单工通信示意图

4. 常用通信接口标准

PLC 通信主要采用串行异步通信，其常用的串行通信接口标准有 RS-232C、RS-422A、RS-485。

RS-232C 标准（协议）的全称是 EIA-RS-232C 标准，定义是"数据终端设备（DTE）和数据通信设备（DCE）之间串行二进制数据交换接口技术标准"。RS（Recommended Standard）代表推荐标准，232 是标识号，C 代表 RS-232 的最新一次修改。RS-232C 的电气接口使用 25 针连接器或 9 针连接器，采用单端驱动、单端接收的电路，容易受到公共地线上的电位差和外部引入的干扰信号的影响，同时还存在传输速率较低（最高传输速度速率为20 kbit/s）、传输距离短（最大通信距离为 15 m）、接口的信号电平值较高，易损坏接口电路的芯片等问题。

RS-422 针对 RS-232C 的不足，EIA 于 1977 年推出了串行通信标准 RS-499，对 RS-232C 的电气特性做了改进，RS-422A 是 RS-499 的子集。由于 RS-422A 采用平衡驱动、差分接收电路，RS-422 在最大传输速率 10 Mbit/s 时，允许的最大通信距离为 12 m。传输速率为 100 kbit/s 时，最大通信距离为 1 200 m。一台驱动器可以连接 10 台接收器。

RS-485 是 RS-422 的变形，RS-422A 是全双工，两对平衡差分信号线分别用于发送和接收，所以采用 RS-422 接口通信时最少需要 4 根线。RS-485 为半双工，只有一对平衡差分信号线，不能同时发送和接收，最少只需要 2 根连线。使用 RS-485 通信接口和双绞线可组成串行通信网络，构成分布式系统，系统最多可连接 128 个站。由于 RS-485 接口具有良好的抗噪声干扰性、高传输速率（10 Mbit/s）、长的传输距离（1 200 m）和多站能力（最多 128 站）等优点，所以在工业控制中广泛应用。RS-422/RS485 接口一般采用使用 9 针的 D 型连接器。普通微机一般不配备 RS-422 和 RS-485 接口，但工业控制微机基本上都有配置。

（二）FX 系列 PLC 的 *N*∶*N* 网络功能

FX 系列 PLC 支持以下 6 种类型的通信，如表 4-4-1 所示。本节主要介绍 *N*∶*N* 网络参数设置方法及编程设计。

表 4-4-1   FX 系列对应的通信功能

CC-Link	功能	对以 MELSEC、QnA、Q 系列 PLC 为主站的 CC-link 系统而言，FX 系列 PLC 作为远程设备站进行连接。可以构筑以 FX 系列 PLC 为主站的 CC-Link 系统
	用途	生产线的分散控制和集中管理，与上位网络之间的信息交换等
N∶*N* 网络	功能	可以在 FX 系列 PLC 之间进行简单的数据链接
	用途	生产线的分散控制和集中管理
并联链接	功能	在 FX 系列 PLC 之间进行简单的数据链接
	用途	生产线的分散控制和集中管理
计算机链接	功能	可以将计算机等作为主站，FX 系列 PLC 作为从站进行连接，计算机一侧的协议对应计算机链接协议格式
	用途	数据的采集和集中管理等
变频器通信	功能	可以通过通信控制三菱变频器 FREQROL
	用途	运行监视、控制值的写入、参数的参考及变更等
无协议通信	功能	可以与具备 RS-232C 或 RS-485 接口的各种设备，以无协议的方式进行数据交换
	用途	与计算机、条形码阅读器、打印机、各种测量仪表之间的数据进行交换

1. *N*∶*N* 网络功能概要

如图 4-4-6 所示，*N*∶*N* 网络通信，可用于将最多 8 台 FX 系列 PLC（FX2N、FX2NC、FX1N、FX0N 等）通过 RS-485 通信方式连接在一起组成一个小型通信系统，通过软元件进行相互链接实现数据共享，协同工作。*N*∶*N* 网络共有 3 种模式可供选择，分别为模式 0、模式 1 与模式 2，构成的通信系统总延长举例不超过 500 m，若采用 485-BD 通信接口板，最大延伸距离为 50 m。整个通信系统中只有一台 PLC 为主站，其他都为从站，可以在主站及所有的从站中对链接信息进行监控。

$N:N$ 网络的通信协议是固定的：通信方式采用半双工通信，波特率固定为 38 400 bit/s；数据长度、奇偶校验、停止位、标题字符、终结字符以及和校验等也均是固定的。

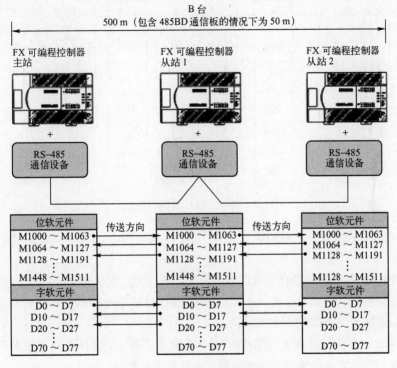

图 4-4-6　$N:N$ 网络系统构成

2. $N:N$ 网络组建

（1）安装与接线：最简单的 $N:N$ 网络构成是在 FX 系列 PLC 上安装相应的 485BD 通信板，各 PLC 之间用屏蔽双绞线相互连接。485BD 通信板端子排列与网络接线方式见图 4-4-7 与图 4-4-8 所示。

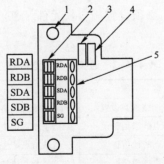

图 4-4-7　485BD 通信板显示/端子排列

1—安装孔；2—可编程控制器连接器；3—SD LED：发送时高速闪烁；4—RD LED：接收时高速闪烁；

5—连接 RS485 单元的端子（端子模块的上表面高于可编程控制器面板盖子的上表面，高出大约 7 mm）

进行网络连接时应注意：

① FX2N－485－BD、FX1N－485－BD、FX3U－485－BD、FX2NC－485－ADP、FX3U－485－ADP 上连接的双绞屏蔽层必须采用 D 类接地。

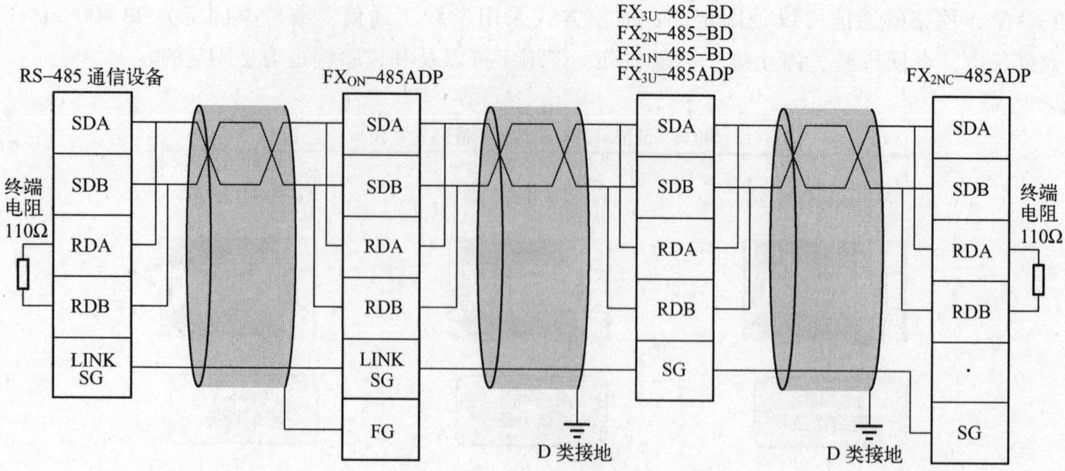

图 4-4-8　PLC 网络连接

② 终端电阻必须设置在线路两端。其中，FX2N-485-BD、FX1N-485-BD 中附带了终端电阻。

③ 如果网络上各站点 PLC 已完成网络参数的设置，则在完成网络连接后，再接通各 PLC 工作电源。可以看到，各站通信板上的 SD LED 和 RD LED 指示灯两者都出现点亮/熄灭交替的闪烁状态，说明 N: N 网络已经组建成功。

④ 如果 RD LED 指示灯处于点亮/熄灭的闪烁状态，而 SD LED 没有（根本不亮），这时须检查站点编号的设置、传输速率（波特率）和从站的总数目。

（2）通信用辅助继电器和数据寄存器。N: N 网络是采用广播方式进行通信的：网络中每一站点都指定一个用特殊辅助继电器和特殊数据寄存器组成的链接存储区，各个站点链接存储区地址编号都是相同的。各站点向自己站点链接存储区中规定的数据发送区写入数据。网络上任何 1 台 PLC 中的发送区的状态变化会反映到网络中的其他 PLC，因此，通过 PLC 站点链接使得网络中所有 PLC 可以实现数据共享，且所有单元的数据都能同时完成更新。

在组建与使用 N: N 网络时，必须设置相应软元件。通信用辅助继电器和数据寄存器如表 4-4-2 与表 4-4-3 所示。

表 4-4-2　通信用辅助继电器

特性	辅助继电器	名　称	描　述	响应类型
只读	M8038	N: N 网络参数设置	用来设置 N: N 网络参数	主、从站
只读	M8183	主站点的通信错误	当主站点产生通信错误时 ON	主站
只读	M8184~M8190	从站点的通信错误	当从站点产生通信错误时 ON	主、从站
只读	M8191	数据通信	当与其他站点通信时 ON	主、从站

表 4-4-3　通信用数据寄存器

特性	数据寄存器	名　称	描　述	响应类型
只读	D8173	站点号	存储自己的站点号	主、从站
只读	D8174	从站点总数	存储从站点的总数	主、从站
只读	D8175	刷新范围	存储刷新范围	主、从站

特性	数据寄存器	名　称	描　述	响应类型
只写	D8176	站点号设置	设置自己的站点号	主、从站
只写	D8177	从站点总数设置	设置从站点总数	主站
只写	D8178	刷新范围设置	设置刷新范围模式号	主站
读/写	D8179	重试次数设置	设置重试次数	主站
读/写	D8180	通信超时设置	设置通信超时	主站

（3）刷新模式：$N:N$ 网络共有 3 种刷新模式可供选择。刷新范围指的是各站点的链接存储区。对于从站点，此设置不需要。根据网络中信息交换的数据量不同，可选择如表 4-4-4 所示的 3 种刷新模式。在每种模式下使用的元件被 $N:N$ 网络所有站点所占用。

表 4-4-4　刷新模式与位、字元件对应表

站点号	模式 0		模式 1		模式 2	
	位软元件（M）	字软元件（D）	位软元件（M）	字软元件（D）	位软元件（M）	字软元件（D）
	0 点	4 点	32 点	4 点	64 点	4 点
第 0 号	—	D0～D3	M1000～M1031	D0～D3	M1000～M1063	D0～D3
第 1 号	—	D10～D13	M1064～M1095	D10～D13	M1064～M1127	D10～D13
第 2 号	—	D20～D23	M1128～M1159	D20～D23	M1128～M1191	D20～D23
第 3 号	—	D30～D33	M1192～M1223	D30～D33	M1192～M1255	D30～D33
第 4 号	—	D40～D43	M1256～M1287	D40～D43	M1256～M1319	D40～D43
第 5 号	—	D50～D53	M1320～M1351	D50～D53	M1320～M1383	D50～D53
第 6 号	—	D60～D63	M1384～M1415	D60～D63	M1384～M1447	D60～D63
第 7 号	—	D70～D73	M1448～M1479	D70～D73	M1448～M1511	D70～D73

（4）网络参数设置：$N:N$ 网络的设置只有在程序运行或 PLC 启动时才有效。

① 设置站点号（D8176）：必须经过特殊辅助继电器 M8038（$N:N$ 网络参数设置继电器，只读）用来设置 $N:N$ 网络参数。

对于主站点，用编程方法设置网络参数，就是在程序开始的第 0 步（LD M8038），向特殊数据寄存器 D8176～D8180 写入相应的参数，仅此而已。对于从站点，则更为简单，只须在第 0 步（LD M8038）向 D8176 写入站点号即可。

② 设置从站个数（D8177）：只能在主站中进行从站个数设置，设置范围为 1～7，默认为 7。

③ 设置刷新范围（D8178）：只能在主站中进行从站个数设置，对于从站点，此设置不需要，设置值为 0、1、2（默认为 0），分别对应模式 0、模式 1、模式 2。

④ 设置重试次数（D8179）：只能在主站中进行从站个数设置，设置范围为 0～10（默认为 3）。对于从站点，此设置不需要。如果一个主站点试图以此重试次数（或更高）与从站通信，此站点将发生通信错误。

⑤ 设置通信超时值（D8180）：设置范围为 5～255（默认 =5），此值乘以 10 ms 就是通信超时的持续驻留时间。该设置仅用于主站。

⑥ 对于从站，只需要设置该从站站点号即可（D8176）。

图 4-4-9 给出了 $N:N$ 网络主站设置与从站设置程序示例。

项目（四）自动化生产线控制系统设计

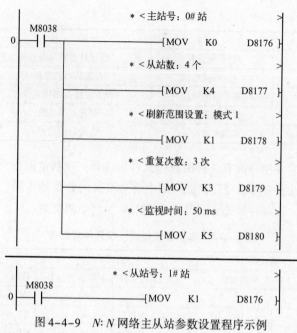

图4-4-9　N: N网络主从站参数设置程序示例

三、任务实施

在N: N通信系统中，运料小车控制站为主站，站点号设为0#，机械手控制站设为从站1#，材料分拣控制站设为从站2#。由于系统中各站的控制功能与本项目前几个任务描述未有大变动，所以本任务不再详细分析各单站的程序，而是侧重于整个通信系统的参数设置，以及各站点之间的数据通信。

1. 通信数据设置

通过分析任务书要求可以看到，网络中各站点需要交换信息量并不大，可采用模式1的刷新方式。各站通信数据的位数据如表4-4-5所示。这些数据位分别由各站PLC程序写入，全部数据为N: N网络所有站点共享。

表4-4-5　各站通信数据位定

主站（0#）		从站1#		从站2#	
位地址	数据意义	位地址	数据意义	位地址	数据意义
M1000	全线运行信号	M1064	机械手联机信号	M1128	分拣联机信号
M1001	允许抓取	M1065	卸料完成信号	M1129	分拣完成信号
M1002	允许分拣				
M1003	全线急停				

2. 从站单元控制程序设计

各工作站在单站运行时的编程思路，在前面各任务中均做了介绍。在联机运行情况下，由工作任务规定的各从站工艺过程是基本固定的，原单站程序中工艺控制程序基本上没有变动。在单站程序的基础上修改、编制联机运行程序，实现上并不太困难。下面首先以机械手控制站的联机编程为例说明编程思路。

联机运行情况下的主要变动：一是在运行条件上有所不同，主令信号来自系统通过网络下传的信号；二是各工作站之间通过网络不断交换信号，由此确定各站的程序流向和运行条件。

对于前者，首先须明确工作站当前的工作模式，以此确定当前有效的主令信号。为此，在每个站点实施过程中可增加一个工作方式选择开关 SA，用于选择"单站/连接方式"，目的是避免误操作的发生，确保系统可靠运行。工作模式切换条件的逻辑判断应在程序开始时进行，图 4-4-10 是实现这一功能的梯形图。

根据当前工作模式，确定当前有效的主令信号（启动、停止等），如图 4-4-10 所示。

对于网络信息交换量不大的系统，上述方法是可行的。如果网络信息交换量很大，则可采用另一方法，即专门编写一个通信子程序，主程序在每一扫描周期调用。这种方法使程序更清晰，更具有可移植性。

对于各工作站之间通过网络不断交换信号，机械手控制站主要是与主站进行数据交换，一是接收 M1001 允许抓取信号，从站开始进入工作流程，完成一周期动作后向主站发出卸货完成信号 M1065，如图 4-4-11 所示。从站其他部分编程与单站工作时相同，不再赘述。

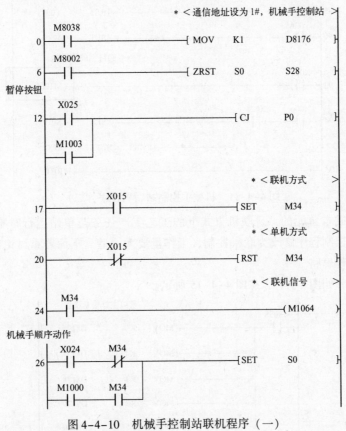

图 4-4-10　机械手控制站联机程序（一）

分拣从站的编程方法与机械手控制站基本类似，此处不再详述。建议读者对照各工作站单站例程和联机例程，仔细加以比较和分析。

3. 主站单元控制程序设计

运料小车控制站作为网络中的主站是最为重要同时也是承担任务最为繁重的工作单元。主要体现在：

（1）作为网络的主站，要进行大量的网络信息处理。

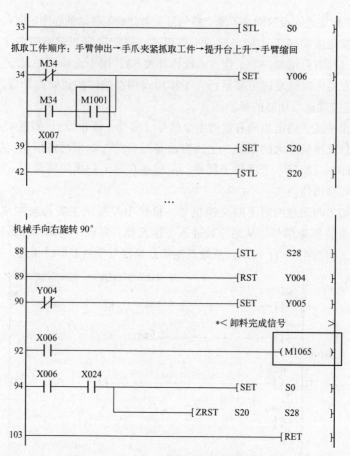

图 4-4-11 机械手控制站联机程序（二）

（2）需要完成本单元的，且联机方式下的工艺生产任务与单站运行时略有差异。因此，把输送站的单站控制程序修改为联机控制，工作量要大一些。下面着重讨论编程中应予注意的问题和有关编程思路。

主站控制程序如图 4-4-12 ～图 4-4-15 所示。

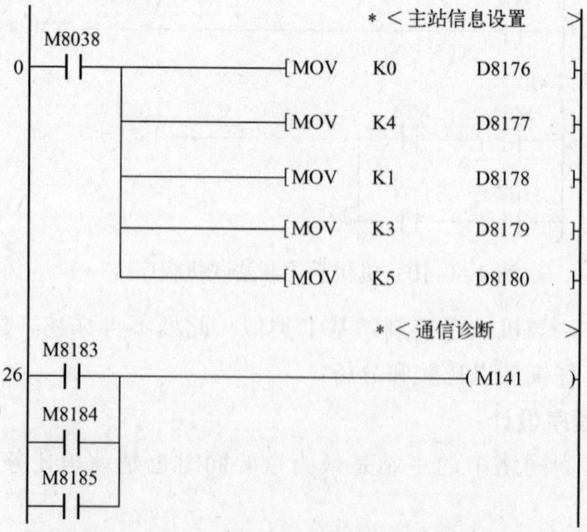

图 4-4-12 主站参数设置与通信诊断程序

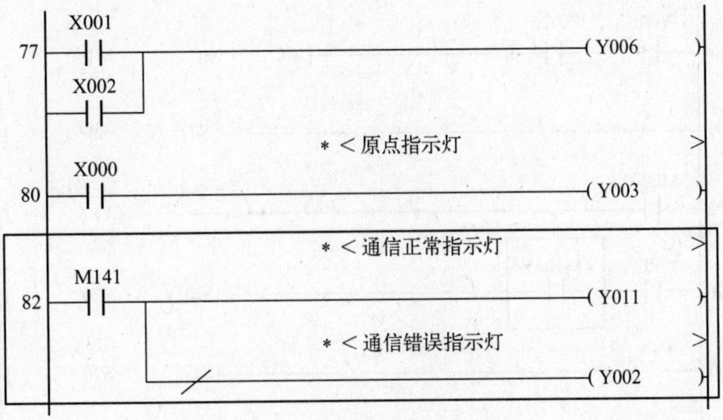

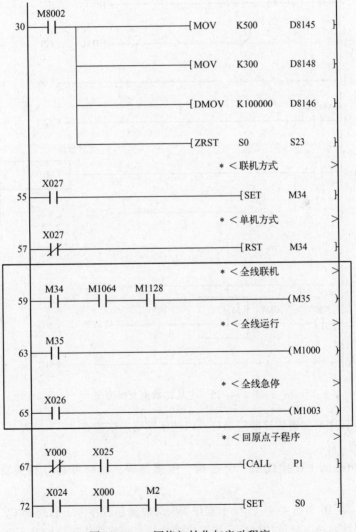

图 4-4-13　指示灯显示程序

图 4-4-14　网络初始化与启动程序

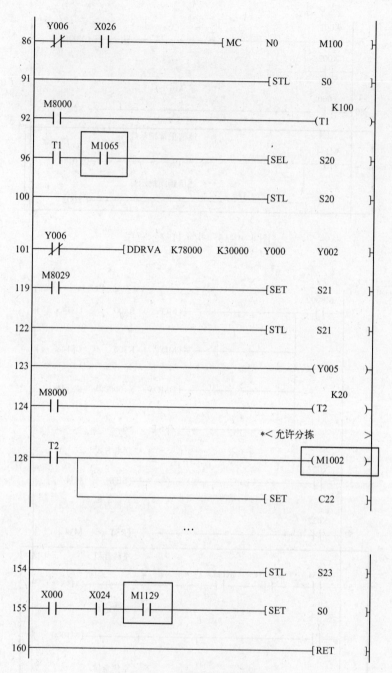

图4-4-15　主从站数据交换程序

指示灯显示程序增加通信诊断指示灯，以便于网络通信检查。

4. 调试运行

（1）连接 PLC 的 I/O 接线图、电磁阀、传感器等，实物可参考相关自动生产线实训装备。

（2）将图4-4-10 ～图4-4-15 所示程序编写完整通信程序并下载到 PLC，运行监视。

（3）材料分拣站按下复位按钮后，按下启动按钮，观察全线运行情况。

5. 检查与评估

（1）检查 I/O 接线是否正确、规范，I/O 设备是否正常使用。

（2）检查梯形图和指令表的编辑是否正确。

（3）检查现象是否正确。

四、自主练习

1. 任务要求

供料站、加工站、装配站、分拣站、输送站的 PLC（共 5 台）用 FX2N – 485BD 通信板连接，以输送站作为主站，站号为 0，供料站、加工站、装配站、分拣站作为从站，站号分别为：供料站 1 号、加工站 2 号、装配站 3 号、分拣站 4 号。功能如下：

（1）0 号站的 X1 ～ X4 分别对应 1 号站～ 4 号站的 Y0（注：当网络工作正常时，按下 0 号站 X1，则 1 号站的 Y0 输出，依次类推）。

（2）1 号站～ 4 号站的 D200 的值等于为 50 时，对应 0 号站的 Y1、Y2、Y3、Y4 输出。

（3）从 1 号站读取 4 号站的 D220 的值，保存到 1 号站的 D220 中。

2. 连接网络和编写、调试程序

链接好通信口，编写主站程序和从站程序，在编程软件中进行监控，改变相关输入点和数据寄存器的状态，观察不同站的相关量的变化，看现象是否符合任务要求，如果符合说明完成任务，不符合检查硬件和软件是否正确，修改重新调试，直到满足要求为止。

项目五

→ **变频器、模拟量模块与触摸屏简介**

通过本单元的学习，掌握 PLC 与变频器、模拟量输入/输出模块、触摸屏之间的连接与编程方法，培养学生软件设计、整机调试等自主学习能力和多种知识、多种技能的综合能力。

教学目的

（1）掌握变频器的接线方式、参数设置。

（2）FX0N-3A 模拟量输入/输出的使用方法及对变频器的操作。

（3）学习触摸屏相关知识，掌握触摸屏的简单应用。

（4）能够根据任务要求，熟练使用 MCGS 组态软件设计触摸屏界面，以及触摸屏与 PLC 的联机调试运行。

教学内容

（1）三菱 FR-E740 变频器安装与接线方式、面板设置、常用参数设置。

（2）FX0N-3A、FX2N-2AD、FX2N-2DA 等模拟量输入/输出模块的性能指标、接线和编程。

（3）触摸屏的概念及特点，组态方法与步骤、PLC 组态程序。

教学重点

（1）变频器的接线与参数设置。

（2）FX0N-3A 的性能、BFM 分配以及对变频器的模拟量控制。

（3）触摸屏组态设计。

教学难点

（1）变频器模拟量控制。

（2）FROM 与 TO 指令应用。

（3）触摸屏组态过程及 PLC 组态程序设计。

任务一　三菱 FR-E740 变频器简介

一、工作任务

如项目四的任务三所述，当传动带检测到工件时，三相异步电动机将驱动传动带运行，完成对黑色物料、白色物料、金属物料进行分拣。为了在分拣时准确推出工件，要求使用旋转编码器做定位检测，并且工件材料和颜色属性应在推料气缸前的适应位置被检测出来。

现要求当传动带入料口人工放下已装配的工件时，变频器即启动，驱动传动电动机以30 Hz 的固定频率速度，把工件带往分拣区进行准确分拣。

二、相关知识

三相电动机是传动机构的主要部分，电动机转速的快慢由变频器来控制，其作用是带动传动带从而输送物料。下面介绍三菱变频器的相关知识。

三菱变频器全称"三菱交流变频调速器"，主要用于三相交流异步电动机转速的控制和调节。当电动机的工作电流频率低于 50 Hz 时，会节省电能，因此变频器是国家提倡推广的节能产品之一。

三菱变频器来到中国有 20 多年的历史，现在市场上主要使用的有以下系列：

（1）通用高性能 FR – A740（3P 380V）FR – A720（3P 220V）。

（2）轻载节能型 FR – F740（3P 380V）FR – F720（3P 220V）。

（3）简易通用型 FR – S540E（3P 380V）FR – S520SE（1P 220V）FR – S520E（3P 220V）（由日本生产）。

（4）经济通用型 FR – E540（3P 380V）FR – E520S（1P 220V）FR – E520（3P 220V）。

三菱变频器目前在市场上用量最多的就是 A500 系列及 E500 系列。A500 系列为通用型变频器，适合于高启动转矩和高动态响应场合；而 E500 系列则适用于功能要求简单、对动态性能要求较低的场合，且价格较有优势。

（一）FR – E740 变频器的安装和接线

FR – E700 系列变频器的外观和型号定义如图 5-1-1 所示。

FR – E700 系列变频器是 FR – E500 系列变频器的升级产品，是一种小型、高性能变频器。选用三菱 FR – E700 系列变频器中的 FR – E740 – 0.75K – CHT 型变频器，该变频器额定电压等级为三相 400 V，适用于容量 0.75 kW 及以下的电动机。

本节侧重于讲解使用通用变频器所必需的基本知识和技能，着重于变频器的接线、常用参数的设置等方面。

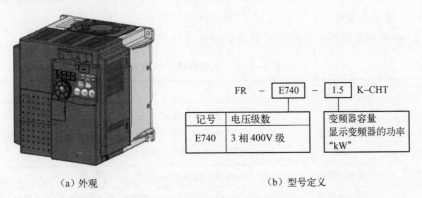

（a）外观　　　　　　　　　　　　（b）型号定义

图 5-1-1　FR – E700 系列变频器

1. FR – E740 系列变频器主电路接线与端子

FR – E740 系列变频器主电路的通用接线，主电路端子的端子排列与电源、电动机的接线分别如图 5-1-2 与图 5-1-3 所示。

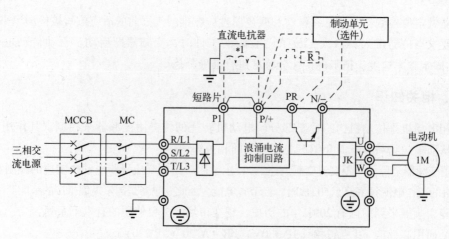

图 5-1-2　FR-E740 系列变频器主电路的通用接线

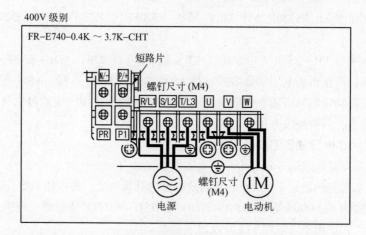

图 5-1-3　主电路端子的端子排列与电源、电动机的接线

注意：进行主电路接线时，应确保输入、输出端不能接错，即电源线必须连接至 R/L1、S/L2、T/L3，绝对不能接 U、V、W，否则会损坏变频器。

FR-E740 系列变频器主电路端子规格如表 5-1-1 所示。

表 5-1-1　主电路端子规格

端子记号	端子名称	端子功能说明
R/L1、S/L2、T/L3	交流电源输入	连接工频电源； 当使用高功率因数变流器（FR-HC）及共直流母线变流器（FR-CV）时不要连接任何东西
U、V、W	变频器输出	连接三相鼠形电动机
P/+、PR	制动电阻器	连接在端子 P/+、PR 间连接选购的制动电阻器（FR-ABR）
P/+、N/-	制动单元连接	连接制动单元（FR-BU2）、共直流母线变流器（FR-CV）以及高功率因数变流器（FR-HC）
P/+、P1	直流电抗器	连接拆下端子 P/+、P1 间的短路片，连接直流电抗器
⏚	接地变频器机架接地用	必须接大地

2. FR－E740 系列变频器控制电路接线与端子功能

FR－E740 系列变频器控制电路的接线、控制电路端子的端子排列分别如图 5－1－4 和图 5－1－5 所示。

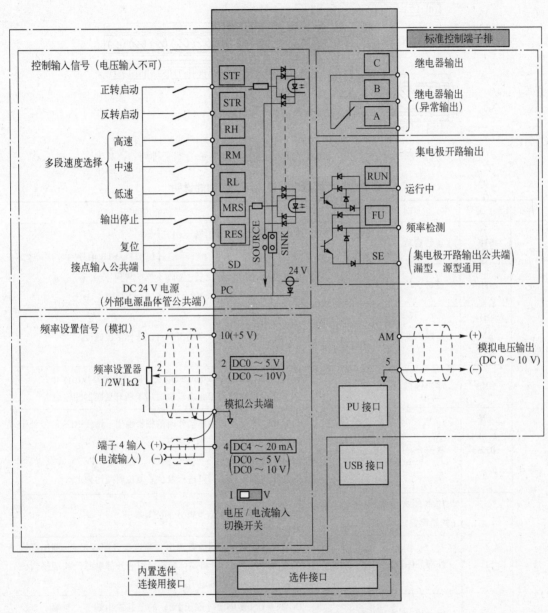

图 5－1－4　FR－E700 变频器控制电路接线图

其中，控制电路端子分为控制输入、频率设置（模拟量输入）、继电器输出（异常输出）、集电极开路输出（状态检测）和模拟电压输出 5 个区域，各端子的功能可通过调整相关参数的值进行变更。在出厂初始值的情况下，各控制电路端子的功能说明如表 5－1－2 和表 5－1－3 所示。

项目五　变频器、模拟量模块与触摸屏简介

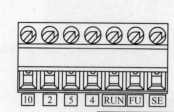

图5-1-5 FR-E700变频器控制电路端子的端子排列

表5-1-2 控制电路输入端子的功能说明

种类	端子编号	端子名称	端子功能说明	
接点输入	STF	正转启动	STF 信号 ON 时为正转、OFF 时为停	STF、STR 信号同时 ON 时变成停止指令
	STR	反转启动	STR 信号 ON 时为反转、OFF 时为停止指令	
	RH RM RL	多段速度选择	用 RH、RM 和 RL 信号的组合可以选择多段速度	
	MRS	输出停止	(1) MRS 信号 ON (20 ms 或以上) 时，变频器输出停止； (2) 用电磁制动器停止电动机时用于断开变频器的输出	
	RES	复位	(1) 用于解除保护电路动作时的报警输出。请使 RES 信号处于 ON 状态 0.1 s 或以上，然后断开。 (2) 初始设置为始终可进行复位。但进行了 Pr. 75 的设置后，仅在变频器报警发生时可进行复位。复位时间约为 1 s	
	SD	接点输入公共端（漏型）（初始设置）	接点输入端子（漏型逻辑）的公共端子	
		外部晶体管公共端（源型）	源型逻辑时当连接晶体管输出（集电极开路输出）、例如可编程控制器（PLC）时，将晶体管输出用的外部电源公共端接到该端子时，可以防止因漏电引起的误动作	
		DC 24 V 电源公共端	DC 24 V 0.1 A 电源（端子 PC）的公共输出端子，与端子 5 及端子 SE 绝缘	
	PC	外部晶体管公共端（漏型）（初始设置）	漏型逻辑时当连接晶体管输出（集电极开路输出）、例如可编程控制器（PLC）时，将晶体管输出用的外部电源公共端接到该端子时，可以防止因漏电引起的误动作	
		接点输入公共端（源型）	接点输入端子（源型逻辑）的公共端子	
		DC 24 V 电源	可作为 DC 24 V、0.1 A 的电源使用	

种类	端子编号	端子名称	端子功能说明
频率设定	10	频率设置用电源	作为外接频率设置（速度设置）用电位器时的电源使用（按照 Pr. 73 模拟量输入选择）
	2	频率设置（电压）	如果输入 DC 0～5 V（或 0～10 V），在 5 V（10 V）时为最大输出频率，输入输出成正比。通过 Pr. 73 进行 DC 0～5 V（初始设置）和 DC 0～10 V 输入的切换操作
	4	频率设置（电流）	（1）如果输入 DC 4～20 mA（或 0～5 V，0～10 V），在 20 mA 时为最大输出频率，输入/输出成正比。只有 AU 信号为 ON 时端子 4 的输入信号才会有效（端子 2 的输入将无效）。通过 Pr. 267 进行 4～20 mA（初始设置）和 DC 0～5 V、DC 0～10 V 输入的切换操作； （2）电压输入（0～5 V/0～10 V）时，需将电压/电流输入切换开关切换至"V"
	5	频率设置公共端	频率设置信号（端子 2 或 4）及端子 AM 的公共端子。请勿接大地

表 5-1-3　控制电路输出端子的功能说明

种类	端子记号	端子名称	端子功能说明	
继电器	A、B、C	继电器输出（异常输出）	指示变频器因保护功能动作时输出停止的 1c 接点输出。异常时：B-C 间不导通（A-C 间导通），正常时：B-C 间导通（A-C 间不导通）	
集电极开路	RUN	变频器正在运行	变频器输出频率大于或等于启动频率（初始值 0.5 Hz）时为低电平，已停止或正在直流制动时为高电平	
	FU	频率检测	输出频率大于或等于任意设置的检测频率时为低电平，未达到时为高电平	
	SE	集电极开路输出公共端	端子 RUN、FU 的公共端子	
模拟	AM	模拟电压输出	可以从多种监示项目中选一种作为输出。变频器复位中不被输出。输出信号与监示项目的大小成比例	输出项目：输出频率（初始设置）

（二）FR-E740 变频器的面板操作

使用变频器之前，首先要熟悉它的面板显示和键盘操作单元（又称控制单元），并且按使用现场的要求合理设置参数。FR-E700 系列变频器的参数设置，通常利用固定在其上的操作面板（不能拆下）实现，也可以使用连接到变频器 PU 接口的参数单元（FR-PU07）实现。使用操作面板可以设置运行方式、频率，运行指令监视，参数设置、错误表示等。操作面板如图 5-1-6 所示，其上半部为面板显示器，下半部为 M 旋钮和其他按键。各旋钮、按键的具体功能和运行状态显示分别如表 5-1-4 和表 5-1-5 所示。

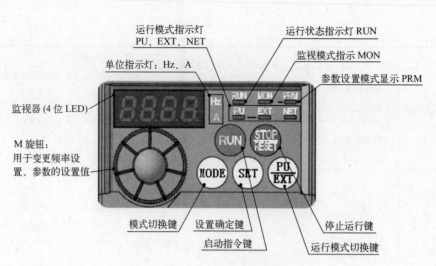

图 5-1-6　FR-E700 的操作面板

表 5-1-4　旋钮、按键功能

旋钮和按键	功　　能
M 旋钮（三菱变频器旋钮）	用于变更频率设置、参数的设置值。按下该旋钮可显示以下内容： （1）监视模式时的设置频率； （2）校正时的当前设置值； （3）报警历史模式时的顺序
模式切换键 MODE	用于切换各设置模式。与 PU/EXT 同时按下也可以用来切换运行模式。长按此键（2 s）可以锁定操作
设置确定键 SET	当运行中按此键时，监视器出现以下显示： 运行频率→输出电流→输出电压 ↑_____|
运行模式切换键 PU/EXT	用于切换 PU/外部运行模式。使用外部运行模式（通过另接的频率设置电位器和启动信号启动的运行）时按此键，使表示运行模式的 EXT 处于亮灯状态 切换至组合模式时，可同时按 MODE 键 0.5 s，或者变更参数 Pr.79
启动指令键 RUN	（1）在 PU 模式下，按此键启动运行； （2）通过 Pr.40 的设置，可以选择旋转方向
停止运行键 STOP/RESET	在 PU 模式下，按此键停止运转

表 5-1-5　运行状态显示

显示	功　　能
运行模式显示	（1）PU：PU 运行模式时亮灯； （2）EXT：外部运行模式时亮灯； （3）NET：网络运行模式时亮灯
监视器（4 位 LED）	显示频率、参数编号等
监视数据单位显示	Hz——显示频率时亮灯；A——显示电流时亮灯（显示电压时熄灯，显示设置频率监视时闪烁）

显　示	功　　　能
运行状态显示 RUN	当变频器动作时亮灯或者闪烁。其中： （1）亮灯——正转运行中。 （2）缓慢闪烁（1.4 s 循环）——反转运行中。 （3）快速闪烁（0.2 s 循环）： • 按键或输入启动指令都无法运行时； • 有启动指令，但频率指令在启动频率以下时； • 输入了 MRS 信号时。
参数设置模式显示 PRM	参数设置模式时亮灯
监视器显示 MON	监视模式时亮灯

（三）FR－E740 变频器的常用参数设置

FR－E700 变频器有几百个参数，实际使用时，只需要根据使用现场的要求设置部分参数，其余按出厂设置即可。

下面根据材料分拣控制系统对变频器的要求，介绍一些常用参数的设置，如表 5-1-6 所示。关于参数设置更详细的说明可参阅 FR－E700 使用手册。

表 5-1-6　FR－E700 变频器常用参数表

编号	名　　称	单　位	初始值	范　　围	用　　　途
Pr. 1	上限频率	0.01 Hz	120 Hz	0～120 Hz	设置输出频率的上限时使用
Pr. 2	下限频率	0.01 Hz	0 Hz	0～120 Hz	设置输出频率的下限时使用
Pr. 3	基准频率	0.01 Hz	50 Hz	0～400 Hz	确认电动机的额定名牌，多为 50 Hz
Pr. 4	3 速设置（高速）	0.01 Hz	50 Hz	0～400 Hz	用参数预先设置运行转速，用端子切换速度时使用
Pr. 5	3 速设置（中速）	0.01 Hz	30 Hz	0～400 Hz	
Pr. 6	3 速设置（低速）	0.01 Hz	10 Hz	0～400 Hz	
Pr. 7	加速时间	0.1 s	5 s/10 s*	0～3 600 s	可以设置加减速时间。 *：初始值根据变频器容量不同而不同（3.7 kW 以下/5.5 kW、7.5 kW）
Pr. 8	减速时间	0.1 s	5 s/10 s*	0～3 600 s	
Pr. 79	运行模式选择	1	0	0、1、2、3、4、6、7	选择启动指令场所和频率设置场所
Pr. 125	端子 2 频率设置增益	0.01 Hz	50 Hz	0～400 Hz	改变电位器最大值（5 V 初始值）的频率
Pr. 126	端子 4 频率设置增益	0.01 Hz	50 Hz	0～400 Hz	可变更电流最大输入（20 mA 初始值）时的频率
Pr. 73	模拟量输入选择	1	1	0、1、10、11	模拟量信号可为 0～5 V 或 0～10 V 的电压信号从端子 2 进入时设置
Pr. CL ALLC	参数全部清除	——			将 Pr. CL 与 ALLC 都设置为 1，可使参数恢复为初始值。如果 Pr. 77 参数写入选择 ＝ "1"，则无法清除

1. FR－E700 变频器参数变更设置方法

变频器参数的出厂设置值被设置为完成简单的变速运行。如果需要按照负载和操作要求

项目五　变频器、模拟量模块与触摸屏简介

设置参数，则应进入参数设置模式，先选定参数号，然后设置其参数值。设置参数分两种情况：一种是停机STOP方式下重新设置参数，这时可设置所有参数；另一种是在运行时设置，这时只允许设置部分参数，但是可以核对所有参数号及参数。

图5-1-7所示为参数设置过程的一个例子，将Pr.1上限频率从出厂设置值120.0 Hz变更为50.0 Hz，假定当前运行模式为PU/EXT切换模式（Pr.79 = 0）。

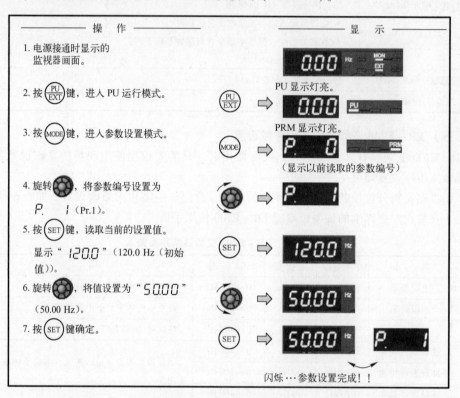

图5-1-7　参数变更设置示例

2. FR-E700变频器重要参数操作

下面重点介绍操作运行选择（Pr.79）、多段速运行模式的操作（Pr.4～6，Pr.24～27）、通过模拟量输入（端子2、4）设置频率（Pr.73，Pr.267）的操作设置方法。

（1）运行模式选择（Pr.79）：所谓运行模式是指对输入到变频器的启动指令和设置频率的命令来源的指定。一般来说，使用控制电路端子、外部设置电位器和开关来进行操作的是"外部运行模式"，使用操作面板或参数单元输入启动指令、设置频率的是"PU运行模式"，通过PU接口进行RS-485通信或使用通信选件的是"网络运行模式（NET运行模式）"。

FR-E700系列变频器通过参数Pr.79的值来指定变频器的运行模式，初始值为0，设置值范围为0、1、2、3、4、6、7；这7种运行模式的内容以及相关LED指示灯的状态如表5-1-7所示。当停止运行时用户可以根据实际需要修改其设置值。

（2）多段速运行模式的操作：变频器在Pr.79 = 2时，变频器可以通过外接的开关器件的组合通断改变输入端子的状态来实现。这种控制频率的方式称为多段速控制功能。

FR-E740变频器的速度控制端子是RH、RM和RL。通过这些开关的组合可以实现3段或7段的控制。

表 5–1–7　运行模式选择（Pr. 79）

设置值	内容		LED 显示状态(▬▬：灭灯　▭：亮灯)
0	外部/PU 切换模式，通过运行模式切换键（PU/EXT）可切换 PU 与外部运行模式。注意：接通电源时为外部运行模式		外部运行模式： EXT PU 运行模式： PU
1	PU 运行模式固定		PU
2	（1）外部运行模式固定； （2）可以在外部、网络运行模式间切换运行		外部运行模式： EXT 网络运行模式： NET
3	外部/PU 组合运行模式 1		
	频率指令	启动指令	
	用操作面板设置或用参数单元设置，或外部信号输入（多段速设置，端子 4 – 5 间（AU 信号 ON 时有效））	外部信号输入（端子 STF、STR）	PU EXT
4	外部/PU 组合运行模式 2		
	频率指令	启动指令	
	外部信号输入（端子 2、4、JOG、多段速选择等）	通过操作面板的 RUN 键、或通过参数单元的 FWD、REV 键来输入	
6	切换模式：可以一边继续运行状态，一边实施 PU 运行、外部运行、网络运行的切换		PU 运行模式： PU 外部运行模式： EXT 网络运行模式： NET
7	外部运行模式（PU 运行互锁）： （1）X12 信号 ON 时，可切换到 PU 运行模式（外部运行中输出停止）； （2）X12 信号 OFF 时，禁止切换到 PU 运行模式		PU 运行模式： PU 外部运行模式： EXT

转速的切换：由于转速的分挡是按二进制的顺序排列的，故 3 个输入端可以组合成 3 ～ 7 挡（0 状态不计）转速。其中，3 段速由 RH、RM、RL 单个通断来实现。7 段速由 RH、RM、RL 通断的组合来实现。

7 段速的各自运行频率则由参数 Pr. 4 ～ Pr. 6（设置前 3 段速的频率）、Pr. 24 ～ Pr. 27（设置第 4 段速～第 7 段速的频率）。对应的控制端状态及参数关系如图 5–1–8 所示。

多段速度设置在 PU 运行和外部运行中都可以设置，运行期间参数值可以被改变。

3 段速设置的场合（Pr. 24 ～ Pr. 27 设置为 9999），2 段速以上同时被选择时，低速信号的设置频率优先。

（3）通过模拟量输入（端子 2、4）设置频率：除了在操作面板设置变频器的频率，用 PLC 输出端子控制多段速度设置外，也有连续设置频率的需求。例如，在变频器安装和接线完成进行运行试验时，常常用调速电位器连接到变频器的模拟量输入信号端，进行连续调速试验。此外，在触摸屏上指定变频器的频率，也应该是连续可调的。需要注意的是，如果要用模拟量输入（端子 2、4）设置频率，则 RH、RM、RL 端子应断开，否则多段速度设置优先。

项目五　变频器、模拟量模块与触摸屏简介

参数号	出厂设置	设置范围	备注
4	50 Hz	0 ～ 400 Hz	
5	30 Hz	0 ～ 400 Hz	
6	10 Hz	0 ～ 400 Hz	
24 ～ 27	9999	0 ～ 400 Hz，9999	9999：未选择

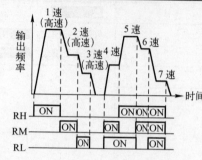

1 速：RH 单独接通，Pr.4 设置频率
2 速：RM 单独接通，Pr.5 设置频率
3 速：RL 单独接通，Pr.6 设置频率
4 速：RM、RL 同时接通，Pr.24 设置频率
5 速：RH、RL 同时接通，Pr.25 设置频率
6 速：RH、RM 同时接通，Pr.26 设置频率
7 速：RH、RM、RL 全接通，Pr.27 设置频率

图 5-1-8　多段速控制对应的控制端状态及参数关系

FR - E700 系列变频器提供 2 个模拟量输入信号端子（端子 2、4）用作连续变化的频率设置。在出厂设置情况下，只能使用端子 2，端子 4 无效。

如果使用端子 2，模拟量信号可为 0 ～ 5 V 或 0 ～ 10 V 的电压信号，用参数 Pr.73 指定，其出厂设置值为 1，指定为 0 ～ 5 V 的输入规格，并且不能可逆运行。参数 Pr.73 参数的取值范围为 0、1、10、11，具体内容如表 5-1-8 所示。

表 5-1-8　模拟量输入选择（Pr.73、Pr.267）

参数编号	名　称	初　始　值	设置范围	内　容	
73	模拟量输入选择	1	0	端子 2 输入 0～10 V	无可逆运行
			1	端子 2 输入 0～5 V	
			10	端子 2 输入 0～10 V	有可逆运行
			11	端子 2 输入 0～5 V	

如果使用的端子 4，模拟量信号可为电压输入（0 ～ 5 V、0 ～ 10 V）或电流输入（4 ～ 20 mA，初始值），用参数 Pr.267 和电压/电流输入切换开关设置，并且要输入与设置相符的模拟量信号。参数 Pr.267 的设置方法及接线注意事项可查阅 FR - E700 使用手册。

三、任务实施

1. 变频器参数设置

工作任务中对变频器的控制要求较为简单，仅要求当传动带入料口人工放下已装配的工件时，变频器即启动，驱动传动电动机以 30 Hz 的频率固定带动传动带。在运行前需要将变频器参数设置如下：

（1）Pr.79 = 2（固定的外部运行模式）。

（2）Pr.4 = 30 Hz（高速段运行频率设置值）。

2. 接线

PLC 接线图如图 5-1-9 所示，图中将 PLC 输出信号 Y014、Y015 分别接到变频器正转启动端子 STF、高速度段频率设置端子 RH 上。

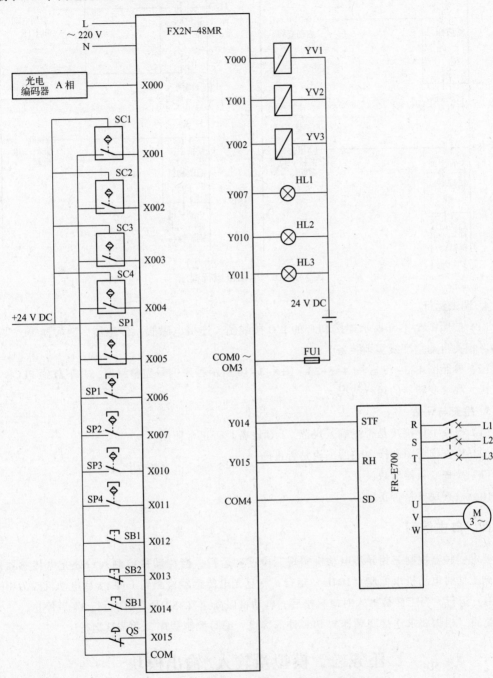

图 5-1-9　连接变频器的材料分拣控制系统接线图

3. 编程

　　在项目四的任务三程序设计的基础上略做修改后即可完成本任务的控制要求，修改前后的程序如图 5-1-10 所示。

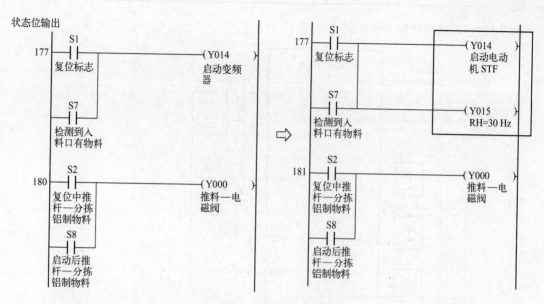

图5-1-10 电动机运行程序

150

4. 调试运行

（1）按照图5-1-9所示连接PLC的I/O接线图，连接电磁阀、传感器、变频器等，实物可参考相关自动生产线实训装备。

（2）参照图4-3-18～图4-3-23、图5-1-10所示程序编写完整程序，并下载到PLC，运行监视，观察变频器的运行情况。

5. 检查与评估

（1）检查I/O接线是否正确、规范，I/O设备是否正常使用。

（2）检查梯形图和指令表的编辑是否正确。

（3）检查变频器参数设置。

（4）检查现象是否正确。

四、自主练习

要求变频器控制三相异步电动机实现三段速度运行，当传动带检测入口处光电传感器未检测到工件时电动机以低速（10 Hz）运行，一旦光电传感器检测到工件1 s后电动机改为中速（25 Hz）运行，当工件被推入对应料槽后，电动机以高速（45 Hz）反向运行3 s后停止，一个周期结束。根据要求连接变频器与PLC外部接线，编写控制程序，并调试运行。

任务二　模拟量输入/输出模块

一、工作任务

本节继续以材料分拣控制系统为例，当传动带入料口人工放下已装配的工件时，变频器即启动，驱动传动电动机以给定的速度把工件带往分拣区。频率要求在0～50 Hz内连续可调节，启动和停止由外部端子控制。

二、相关知识

在工业和生产过程中，经常会涉及对一些连续变量的控制，这些连续变量往往以电压或电流的形式出现，这就是模拟量控制。PLC 中对模拟量的控制可以通过特殊功能模块中的模拟量输入/输出模块来进行模拟量的输入和输出，以实现工业自动化控制中不可或缺的温度、压力、流量等的过程控制。

根据工作任务可知，为了实现变频器输出频率连续调整的目的，材料分拣控制系统的 PLC 需额外连接特殊功能模拟量模块。

（一）模拟量输入/输出模块分类

模拟量输入模块（A/D 模块）功能是将现场仪表输出的标准 0 ～ 10 mA、4 ～ 20 mA、1 ～ 5 V DC、1 ～ 10 V DC 等模拟信号转换成适合 PLC 内部处理的数字信号。A/D 转换过程如图 5-2-1 所示。

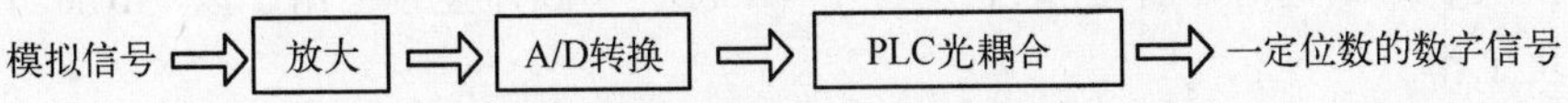

模拟信号 ⟹ 放大 ⟹ A/D转换 ⟹ PLC光耦合 ⟹ 一定位数的数字信号

图 5-2-1　模拟信号 A/D 转换过程

模拟量输出模块（D/A）模块功能是将 PLC 处理后的数字信号转化为现场仪表可以接受的标准信号 4 ～ 20 mA、1 ～ 5 V DC 等模拟信号输出，以满足生产过程现场连续控制信号的要求。

FX2N 系列 PLC 常用的模拟量输入/输出模块如表 5-2-1 所示。

表 5-2-1　常用模拟量输入输出模块分类

分类	模拟量输入模块	FX2N - 2AD（两路输入）
		FX2N - 4AD（四路输入）
		FX2N - 8AD（八路输入）
	模拟量输出模块	FX2N - 2DA（两路输出）
		FX2N - 4DA（四路输出）
	模拟量输入/输出模块	FX0N - 3A（两路输入，一路输出）
	温度采集模块	FX2N - 4AD - PT（四路输入，传感器为热敏电阻器）
		FX2N - 4AD - TC（四路输入，传感器为热电偶）

（二）特殊功能模块读/写指令 FROM 和 TO

在使用三菱特殊功能模块时，CPU 除了为模块分配输入/输出地址（输入 X 和输出 Y）外，还在模块内存中为模块分配了一块数据缓冲区（BFM）用于和 CPU 通信。有专门两条指令实现对模块缓冲区 BFM 的读/写，即 TO 指令和 FROM 指令，其他指令都是这两个指令的变形。例如，DTO 表示 32 位操作指令（无 D 时，表示 16 位操作指令）；TOP 表示在控制命令的上升沿时执行对 BFM 的写入，可以根据实际情况分别使用，FROM 指令也同样。下面简单介绍这两种指令的使用方法。

1. FROM 指令

FROM 指令（FNC78）的功能是实现对特殊模块缓冲区 BFM 指定位的读取到 PLC 中的操作。指令格式如图 5-2-2 所示，这条语句是将模块号为 No. 0 的特殊功能模块的缓冲存储器（BFM）#10 中读出 16 位数据传送到 PLC，并存放到 D0 中。

m1
m2
[D.]
n
X000
0
FROM
K0
K10
D0
K1
单元号
BFM#传送源
传送地点
传送点数

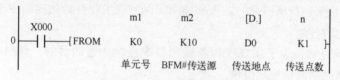

图 5-2-2　FROM 指令格式

指令中各软元件、操作数代表的意义如下：

(1) X000：FROM 指令执行的启动条件。启动指令可以是 X、Y、内部继电器 M 等。

(2) m1：特殊功能模块单元号（0 ～ 7）。K0 实际上用于指定特殊模块在基板上的位置。模块号是指从 PLC 最近的开始按 No. 0→No. 1→No. 2……顺序连接，用于以 FROM/TO 指令指定哪个模块工作。

(3) m2：为要读取的缓冲区（BFM）的首地址编号（0 ～ 31），特殊功能模块内有 32 通道的 16 位缓冲寄存器（BFM），编号为#0 ～#31。

(4) [D.]：指定存放数据的元件首地址。

(5) n：传送点数，以 16 位二进制为单位，K1 代表读取 16 点，K2 代表读取 32 点等。

2. TO 指令

TO 指令（FNC79）的功能是将 PLC 中的数据写入到特殊模块的缓冲区 BFM 内。其指令格式如图 5-2-3 所示。这条语句是将 PLC 中的 D0 元件中的 16 位数据写到特殊功能模块 No. 0 的缓冲存储器（BFM）#17 中。

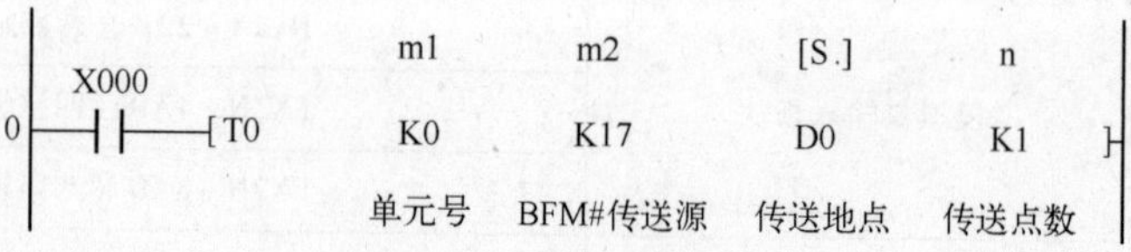

m1
m2
[S.]
n
X000
0
TO
K0
K17
D0
K1
单元号
BFM#传送源
传送地点
传送点数

图 5-2-3　TO 指令格式

指令中各软元件、操作数代表的意义如下：

(1) X000：TO 指令执行的启动条件。启动指令可以是 X、Y、内部继电器 M 等。

(2) m1：特殊功能模块单元号（0 ～ 7）。

(3) m2：为要读取的缓冲区（BFM）的首地址编号（0 ～ 31）。

(4) [S.]：指定被读出数据的元件首地址。

(5) n：传送点数，以 16 位二进制为单位，K1 代表读取 16 点，K2 代表读取 32 点等。

（三）模拟量输入模块 FX2N－2AD

FX2N－2AD 型模拟量输入模块用于将两路模拟输入信号（电压或电流）转换成 12 位的数字量，并将其输入到 PLC 中。在输入/输出基础上选择的电压或电流可以由用户接线方式决定。FX2N－2AD 可以连接到 FX2N、FX2NC、FX0N 系列的 PLC 上。FX2N－2AD 连接到 PLC 时将占用 8 个 I/O 点，用于分配给输入或输出。两路模拟量输入通道可接收的输入为 0 ～ 10 V DC，0 ～ 5 V DC，4 ～ 20 mA。

1. 布线

FX2N-2AD 模拟量输入模块的布线图如图 5-2-4 所示。模拟量输入通过双绞屏蔽电缆接收。注意在使用过程中，FX2N-2AD 不能将一个通道作为模拟电压输入而将另一个作为电流输入，因为两个通道使用相同的偏置值和增益值。对于电流输入，请短路 VIN 和 IIN，如图 5-2-4 所示。当电压输入存在波动或有大量噪声时，可在相应位置并联一个约 25 V、0.1 ~ 0.47 μF 的电容器。

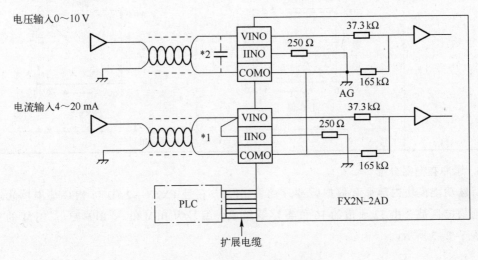

图 5-2-4　FX2N-2AD 布线图

2. 性能指标

FX2N-2AD 是一个两通道 12 位高精度模拟量输入模块，性能如表 5-2-2 所示。

表 5-2-2　FX2N-2AD 的性能指标

电压和电流 / 指标	电压输入	电流输入
模拟输入范围	（1）在出厂时，已为 0~10 V DC 输入选择了 0~4000 范围； （2）对于 0~5 V DC 的电压输入，则需要重新调整偏置和增益	
	0~10 V，0~5 V DC，输入电阻为 200 kΩ；注意，输入电压超过 -0.5 V、+15 V 可能损坏模块	4~20 mA，输入电阻 250 Ω；注意，输入电流超过 -2 mA、+60 mA 可能损坏模块
数字分辨率	12 位	
最小输入信号分辨率	2.5 mV（10 V/4000） 1.25 mV（5 V/4000） 依据输入特性而变	4 μA；20 - 4/4000（指在 FX2N-2AD 的外部输入电流在 4~20 mA 范围内时，它的分辨率将会在 0~4 000 之间） 依据输入特性而变
总精度	±1%（0~10 V）	±1% mA（4~20 mA）
处理时间	2.5 ms/1 通道（顺序程序和同步）	

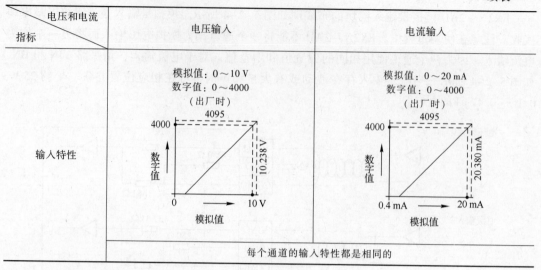

指标	电压和电流	电压输入	电流输入
输入特性		模拟值：0～10 V 数字值：0～4000 （出厂时） 4095 4000 数字值 ↑ 10.238 V 0 → 10 V 模拟值	模拟值：0～20 mA 数字值：0～4000 （出厂时） 4095 4000 数字值 ↑ 20.380 mA 0.4 mA → 20 mA 模拟值
		每个通道的输入特性都是相同的	

3. 缓冲存储器分配

特殊功能模块内部都有数据缓冲存储器 BFM，它是 FX2N－2AD 与 PLC 基本单元进行数据通信的区域，由 32 通道的 16 位寄存器组成，编号为 BFM#0 ～ BFM#31。BFM 的分配表如表 5-2-3 所示。

表 5-2-3　FX2N－2AD 的缓冲寄存器（BFM）分配

BFM 编号	b15～b8	b7～b4	b3	b2	b1	b0
#0	保留	输入数据的当前值（低 8 位数据）				
#16	保留		输入数据的当前值（高 4 位）			
#17	保留				A/D 转换启动	A/D 通道选择
#1 ～ #15 #18 ～ #31	保留					

其中：

（1）BFM#0：由 BFM#17（低 8 位数据）指定的通道的输入数据当前值以二进制形式被存储。

（2）BFM#1：输入数据当前值（高 4 位数据）以二进制形式被存储。

（3）BFM#17：b0 = 0，选择模拟输入通道 1；b0 = 1，选择模拟输入通道 2。

b1 从 0 到 1，A/D 转换启动。

4. 编程举例

FX2N－2AD 的应用编程实例如图 5-2-5 所示。

其中：

（1）通道 1 的输入执行模拟到数字的转换：X000。

（2）通道 2 的输入执行模拟到数字的转换：X001。

（3）A/D 输入数据通道 1：D100（用辅助继电器 M100 ～ M115 替换，对这些编号只分配一次）。

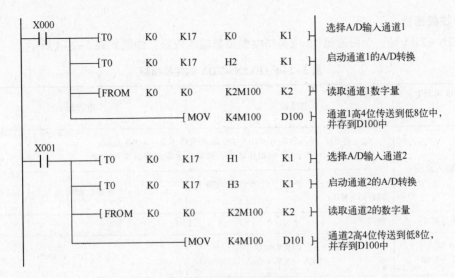

图 5-2-5　模拟量输入编程

（4）A/D 输入数据通道 2：D101（用辅助继电器 M100 ～ M115 替换，对这些编号只分配 1 次）。

处理时间：从 X0 和 X1 打开至模拟到数字转换值存储到 PLC 的数据寄存器之间的时间为 2.5 ms/通道。

（四）　模拟量输出模块 FX2N - 2DA

FX2N - 2DA 型模拟量输出模块用于将 12 位的数字量转换成两路模拟输出信号（电压或电流），并将其输入到 PLC 中。在输入/输出基础上选择的电压或电流可以由用户接线方式决定。FX2N - 2DA 可以连接到 FX2N、FX2NC、FX0N 系列的 PLC 上。FX2N - 2DA 连接到 PLC 时将占有 8 个 I/O 点，用于分配给输入或输出。两路模拟量输入通道可接收的输出为 0 ～ 10 V DC，0 ～ 5 V DC，或 4 ～ 20 mA（电压输出/电流输出的混合使用也是可以的）。

1. 布线

FX2N - 2DA 的布线图如图 5-2-6 所示。当电压输出存在波动或大量噪声时，需在电压输出端口设置 0.1 ～ 0.47 μF 的电容器。此外，对于电压输出，要对 I_{OUT} 和 COM 进行短接，如图 5-2-6 所示。

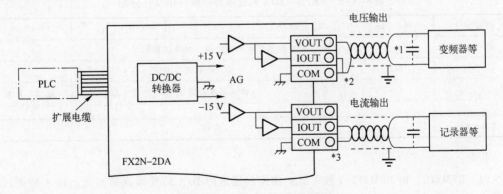

图 5-2-6　FX2N - 2DA 布线图

2. 性能指标

FX2N–2DA 是一个两通道 12 位高精度模拟量输入模块，性能如表 5–2–4 所示。

表 5–2–4 FX2N–2DA 的性能指标

指标 \ 电压和电流	电压输入	电流输入
模拟输入范围	（1）在出厂时，已为 0～10 V DC 输入选择了 0～4 000 范围； （2）对于 0～5 V DC 的电压输入，则需要重新调整偏置和增益	
	0～10 V，0～5 V DC，外部负载阻抗为 2 kΩ到 1 MΩ	4～20 mA，外部负载阻抗为 500 Ω 或更小
数字分辨率	12 位	
最小输入信号分辨率	2.5 mV（10 V/4000） 1.25 mV（5 V/4000）	4 μA：20 – 4/4000
总精度	±1%（0～10 V）	±1% mA（4～20 mA）
处理时间	2.5 ms/1 通道（顺序程序和同步）	
输入特性	模拟值：0～10 V 数字值：0～4000 （出厂时） 偏置是固定的	模拟值：0～20 mA 数字值：0～4 000 （出厂时）
	当 13 位或更多的数据输入时，只有最后 12 位有效，高端位忽略。在 0～4 095 范围内使用数字量。可对两个通道中的每个输出特性进行设置	

3. 缓冲存储器分配

FX2N–2DA 的缓冲寄存器（BFM）分配表如表 5–2–5 所示。

表 5–2–5 FX2N–2DA 的缓冲寄存器（BFM）分配

BFM 编号	b15～b8	b7～b3	b2	b1	b0
#0～#15	输出数据的当前值（低 8 位数据）				
#16	保留	输入数据的当前值（高 4 位）			
#17	保留		D/A 低 8 位数据保持	通道 1 D/A 转换启动	通道 2 D/A 转换启动
#18～#31	保留				

其中：

（1）BFM#16：由 BFM#17（数字值）指定的通道的 D/A 转换数据被写入。D/A 数据以二进制形式，并以低 8 位和高 4 位两部分的顺序进行写。

（2）BFM#17：b0 从 0 到 1，用于通道 2 的 D/A 转换启动；b1 从 0 到 1，通道 1 的 D/A 转

换启动；b2 从 0 到 1，用于 D/A 转换的低 8 位数据保持。

4. 编程举例

FX2N-2DA 的应用编程实例如图 5-2-7 所示。其中：

（1）通道 1 的输入执行数字到模拟的转换：X000。

（2）通道 2 的输入执行数字到模拟的转换：X001。

（3）D/A 输出数据通道 1：D100（用辅助继电器 M100 ~ M131 替换，对这些编号只分配 1 次）。

（4）D/A 输出数据通道 2：D101（用辅助继电器 M100 ~ M131 替换，对这些编号只分配 1 次）。

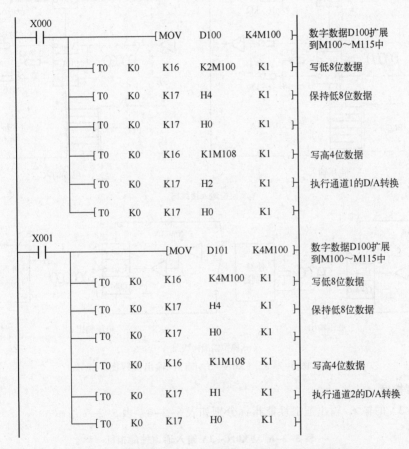

图 5-2-7　与 FX2N 系列 PLC 连接时的模拟量输出编程

（五）模拟量输入/输出模块 FX0N-3A

FX0N-3A 型模拟量输入/输出模块是具有两路输入通道和一路输出通道，最大分辨率为 8 位的模拟量 I/O 模块。在输入/输出基础上选择的电压或电流可以由用户接线方式决定。输入通道接收模拟信号（电压或电流）并将模拟信号转换成 8 位的数字量，输出通道将 8 位数字量转换成等量模拟信号输出。FX0N-3A 可以连接到 FX2N、FX2NC、FX1N、FX0N 系列的 PLC 上。FX0N-3A 连接到 PLC 时将占有 8 个 I/O 点，用于分配给输入或输出。

1. 布线

FX0N－3A 模拟输入和输出的接线图如图 5-2-8 所示。接线时要注意，使用电流输入时，端子［Vin］与［Iin］应短接；反之，使用电流输出时，不要短接［V$_{OUT}$］和［I$_{OUT}$］端子。

如果电压输入/输出方面出现较大的电压波动或有过多的电噪声，要在相应图中的位置并联一个约 25 V、0.1 ~ 0.47 μF 的电容器。

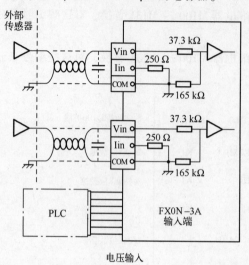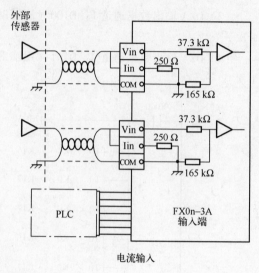

（a）模拟输入接线图

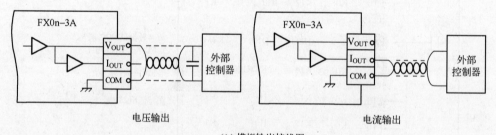

（b）模拟输出接线图

图 5-2-8　FX0N－3A 输入/输出接线图

2. 性能指标

FX0N－3A 的输入/输出通道性能指标分别如表 5-2-6、表 5-2-7 所示。

表 5-2-6　FX0N－3A 输入通道性能指标

输出 ＼ 输入	电压输入	电流输入
模拟输入范围	(1) 在出厂时，已为 0~10 V DC 输入选择了 0~250 范围； (2) 如果把 FX0N－3A 用于电流输入或非 0~10 V 的电压输入，则需要重新调整偏置和增益； (3) 模块不允许两个通道有不同的输入特性	
	(1) 0~10 V，0~5 V DC，输入电阻为 200 kΩ； 注意：输入电压超过 -0.5 V、+15 V 可能损坏模块	(1) 4~20 mA，输入电阻 250 Ω； (2) 注意：输入电流超过 -2 mA、+60 mA 可能损坏模块

输入 / 输出	电压输入	电流输入
数字分辨率	8 位	
最小输入信号分辨率	40 mV：0～10 V/0～250 依据输入特性而变	64 μA：4～20 mA/0～250 依据输入特性而变
总精度	±0.1 V	±0.16 mA
处理时间	TO 指令处理时间×2＋FROM 指令处理时间	
输入特点		

表 5-2-7　FX0N-3A 输出通道性能指标

输出 / 指标	电压输出	电流输出
模拟输入范围	(1) 在出厂时，已为 0 至 10 V DC 输入选择了 0 至 250 范围； (2) 如果把 FX0N-3A 用于电流输出或非 0～10 V 的电压输出，则需要重新调整偏置和增益	
	0～10 V，0～5 V DC，外部负载为：1 kΩ～1 MΩ	4～20 mA，外部负载：500 Ω 或更小
数字分辨率	8 位	
最小输出信号分辨率	40 mV：0～10 V/0～250 依据输入特性而变	64 μA：4～20 mA/0～250 依据输入特性而变
总精度	±0.1 V	±0.16 mA
处理时间	TO 指令处理时间×3	
输出特点		

3. 缓冲存储器分配

FX0N-3A 共有 32 通道的 16 位缓冲寄存器（BFM），如表 5-2-8 所示。

项目五　变频器、模拟量模块与触摸屏简介

表 5-2-8　FX0N-3A 的缓冲寄存器（BFM）分配

通道号	b15～b8	b7	b6	b5	b4	b3	b2	b1	b0
#0	保留	当前输入通道的 A/D 转换值（以 8 位二进制数表示）							
#16		当前 D/A 输出通道的设置值							
#17							D/A 转换启动	A/D 转换启动	A/D 通道选择
#1～#15 #18～#31	保留								

其中 BFM#17 通道位含义：

（1）b0 = 0，选择模拟输入通道 1。

（2）b0 = 1，选择模拟输入通道 2。

（3）b1 从 0 到 1，A/D 转换启动。

（4）b2 从 1 到 0，D/A 转换启动。

4. 编程举例

FX0N-3A 的应用编程实例如图 5-2-9 和图 5-2-10 所示。其中，图 5-2-9 是实现 D/A 转换的例程，图 5-2-10 是实现 A/D 转换的例程。

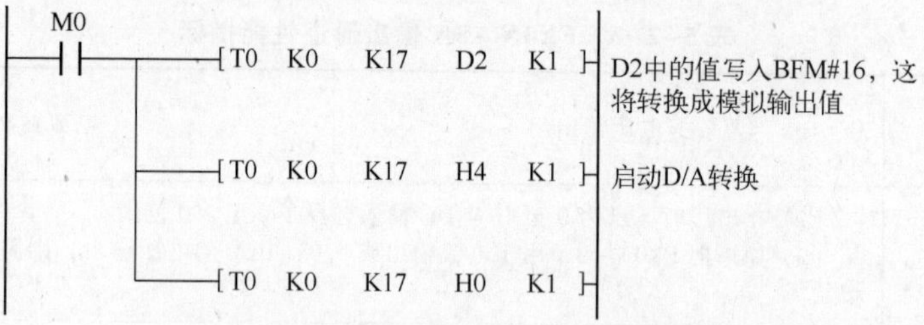

```
     M0
─────┤├──────┬──[ T0    K0    K17    D2    K1 ]   D2中的值写入BFM#16，这
                                                  将转换成模拟输出值

              ├──[ T0    K0    K17    H4    K1 ]   启动D/A转换

              └──[ T0    K0    K17    H0    K1 ]
```

图 5-2-9　D/A 转换编程举例

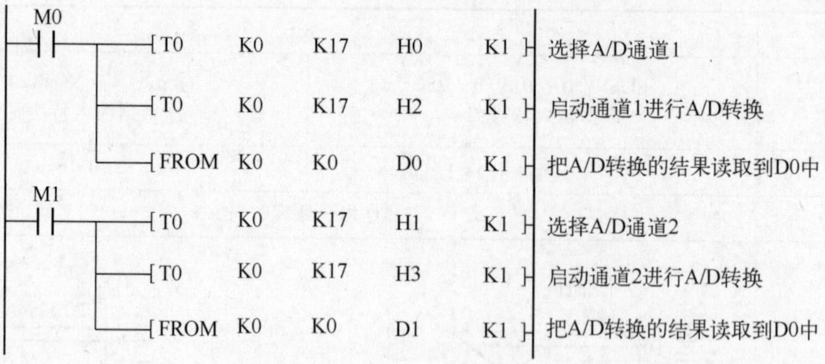

```
     M0
─────┤├──────┬──[ T0     K0    K17    H0    K1 ]   选择A/D通道1

              ├──[ T0     K0    K17    H2    K1 ]   启动通道1进行A/D转换

              └──[ FROM   K0    K0     D0    K1 ]   把A/D转换的结果读取到D0中
     M1
─────┤├──────┬──[ T0     K0    K17    H1    K1 ]   选择A/D通道2

              ├──[ T0     K0    K17    H3    K1 ]   启动通道2进行A/D转换

              └──[ FROM   K0    K0     D1    K1 ]   把A/D转换的结果读取到D0中
```

图 5-2-10　A/D 转换编程举例

三、任务实施

1. 变频器参数设置

根据任务说明可知，为了实现变频器输出频率连续调整的目的，材料分拣单元 PLC 连接了特殊功能模拟量模块 FX0N-3A，启动和停止由外部端子来控制。因此，在项目四的任务三的基础上，同时变频器的参数在上节基础上要做相应调整，要调整的参数设置如表 5-2-9 所示。

表 5-2-9　变频器参数设置

参数号	参数名称	默认值	设置值	设置值含义
Pr. 73	模拟量输入选择	1	0	0～10 V
Pr. 79	运行模式选择	0	2	外部运行模式固定

2. 接线

FX0N-3A 与 PLC 以及变频器之间的接线图如图 5-2-11 所示。

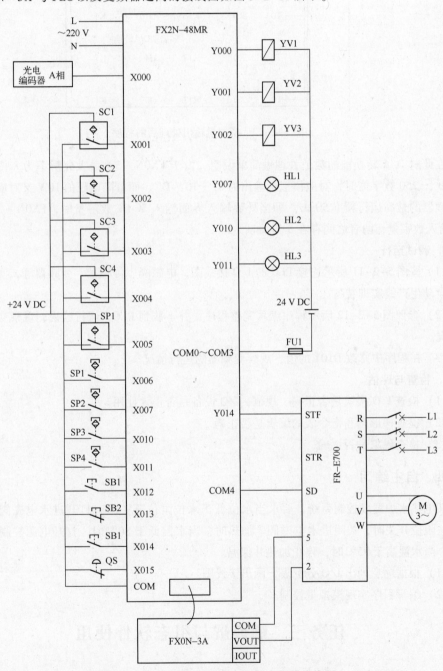

图 5-2-11　FX0N-3A 与 PLC、变频器接线图

项目五　变频器、模拟量模块与触摸屏简介

161

3. 编程

针对工作任务对变频器控制的程序如图 5-2-12 所示。

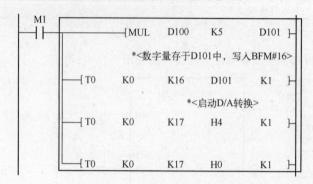

图 5-2-12 模拟量输出处理后的程序

在此对 D/A 转换前的数值处理做简单说明。由于 FX0N–3A 最大分辨率为 8 位,对于输入为 0~250 数字值时,对应模拟量输出为 0~10 V DC,而最高电压值 10 V 又对应工作任务中变频器的最高运行频率 50 Hz。即当外界输入界面输入 50 Hz 数字量时,FX0N–3A 对应为 250 输入数字量,两者之间存在 5 倍关系。

4. 调试运行

(1) 按图 5-2-11 所示连接 PLC 的 I/O 接线图,电磁阀、传感器、变频器等,实物可参考相关自动生产线实训装备。

(2) 参照图 5-2-12 所示程序编写完整程序,并下载到 PLC,运行监视,观察变频器的运行情况。

(3) 在程序中修改 D101 的值,观察变频器的运行情况。

5. 检查与评估

(1) 检查 I/O 接线是否正确、规范,I/O 设备是否正常使用。

(2) 检查梯形图和指令表的编辑是否正确。

(3) 检查现象是否正确。

四、自主练习

某电热水炉温度控制系统,要求当水位低于水位限位开关时,打开进水电磁阀进水;高于水位限位开关时,关闭进水电磁阀。加热时,当水温低于 80℃时,打开电源控制开关开始加热;当水温高于 95℃时,停止加热并保温。

(1) 根据题意列出 I/O 分配表,画出接线图。

(2) 编写程序实现模拟量控制。

任务三 触摸屏与组态软件使用

一、工作任务

要求对项目四的任务三的材料分拣控制系统进行改进,具体的分拣要求均与原工作任务相同，启停操作和工作状态指示功能保留，但暂时不通过按钮指示灯操作指示，而是在触摸屏上实现。触摸屏组态窗口如图 5-3-1 所示。

当传动带入料口人工放下已装配的工件时，变频器即启动，驱动传动电动机以触摸屏给定的速度把工件带往分拣区。频率为 30 ～ 50 Hz 可调节。

增加工件清零功能，数据在触摸屏上可以清零。

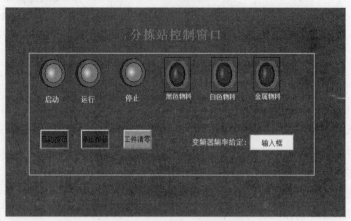

图 5-3-1　材料分拣组态窗口

二、相关知识

（一）TPC7062KS 人机界面简介

触控屏（Touch Panel）是一个可接收触点等输入信号的感应式液晶显示装置，当接触了屏幕上的图形按钮时，屏幕上的触觉反馈系统可根据预先设置的程序驱动各种连接装置，可用以取代机械式的按钮面板，并借由液晶显示画面制造出生动的影音效果。作为目前最简单、方便、自然的一种人机交互方式，触摸屏越来越多地与 PLC 控制技术相结合，应用在工业生产上。

为了通过触摸屏设备操作机器或系统，必须给触摸屏设备组态用户界面，该过程称为"组态阶段"。本节主要介绍昆仑通态研发的人机界面 TPC7062KS（见图 5-3-2）对应的 MCGS 嵌入式组态软件的组态方法。

图 5-3-2　TPC7062KS 人机界面外观

TPC7062KS 人机界面的电源进线、各种通信接口均在其背面，如图 5-3-3 所示。其中，USB1 口用来连接鼠标和闪存盘等，USB2 口用于工程项目下载，COM 接口（RS-232）用来连接 PLC。

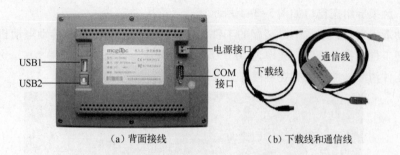

（a）背面接线 （b）下载线和通信线

图 5-3-3 TPC7062KS 的接口和数据线

（二）MCGS 嵌入版组态软件的体系结构

MCGS 嵌入式体系结构（见图 5-3-4）分为组态环境、模拟运行环境和运行环境三部分。

组态环境和模拟运行环境相当于一套完整的工具软件，可在计算机上运行。用户可根据实际需要删减其中的内容。它帮助用户设计和构造自己的组态工程并进行功能测试。

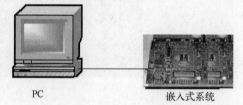

PC 嵌入式系统

图 5-3-4 MCGS 嵌入式体系结构

运行环境则是一个独立的运行系统，它按照组态工程中用户指定的方式进行各种处理，完成用户组态设计的目标和功能。运行环境本身没有任何意义，必须与组态工程一起作为一个整体，才能构成用户应用系统。一旦组态工作完成，并且将组态好的工程通过串口或以太网下载到下位机的运行环境中，组态工程就可以离开组态环境而独立运行在下位机上，从而实现控制系统的可靠性、实时性、确定性和安全性。

由 MCGS 嵌入版生成的用户应用系统，其结构由主控窗口、设备窗口、用户窗口、实时数据库和运行策略五部分构成，如图 5-3-5 所示。

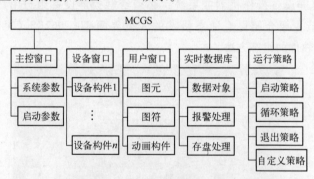

图 5-3-5 MCGS 用户应用系统结构

运行 MCGS 嵌入版组态环境软件，在出现的界面中选择"文件"→"新建工程"命令，打开如图 5-3-6 所示的窗口。

窗口是屏幕中的一块空间，是一个"容器"，直接提供给用户使用。在窗口中，用户可以放置不同的构件，创建图形对象并调整画面的布局，组态配置不同的参数以完成不同的功能。

在 MCGS 嵌入版中，每个应用系统只能有一个主控窗口和一个设备窗口，但可以有多个用户窗口和多个运行策略，实时数据库中也可以有多个数据对象。MCGS 嵌入版组态环境用主

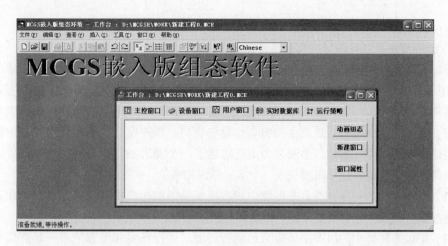

图 5-3-6 MCGS 工作台

控窗口、设备窗口和用户窗口来构成一个应用系统的人机交互图形界面，组态配置各种不同类型和功能的对象或构件，同时可以对实时数据进行可视化处理。

1. 实时数据库是 MCGS 嵌入版系统的核心

实时数据库相当于一个数据处理中心，同时也起到公用数据交换区的作用。MCGS 嵌入版组态环境使用自建文件系统中的实时数据库来管理所有实时数据。从外围设备采集来的实时数据送入实时数据库，系统其他部分操作的数据也来自于实时数据库。实时数据库自动完成对实时数据的报警处理和存盘处理，同时它还根据需要把有关信息以事件的方式发送给系统的其他部分，以便触发相关事件，进行实时处理。因此，实时数据库所存储的单元不仅是变量的数值，还包括变量的特征参数（属性）及对该变量的操作方法（报警属性、报警处理和存盘处理等）。这种将数值、属性、方法封装在一起的数据称为数据对象。实时数据库采用面向对象的技术，为其他部分提供服务，提供了系统各个功能部件的数据共享。

2. 主控窗口构造了应用系统的主框架

主控窗口确定了工业控制中工程作业的总体轮廓，以及运行流程、特性参数和启动特性等项内容，是应用系统的主框架。

3. 设备窗口是 MCGS 嵌入版系统与外围设备联系的媒介

设备窗口专门用来放置不同类型和功能的设备构件，实现对外围设备的操作和控制。设备窗口通过设备构件把外围设备的数据采集进来，送入实时数据库，或把实时数据库中的数据输出到外围设备。一个应用系统只有一个设备窗口。运行时，系统自动打开设备窗口，管理和调度所有设备构件正常工作，并在后台独立运行。注意，对于用户来说，设备窗口在运行时是不可见的。

4. 用户窗口实现了数据和流程的可视化

用户窗口中可以放置 3 种不同类型的图形对象：图元、图符和动画构件。图元和图符对象为用户提供了一套完善的设计制作图形画面和定义动画的方法。动画构件对应于不同的动画功能，它们是从工程实践经验中总结出的常用的动画显示与操作模块，用户可以直接使用。通过在用户窗口内放置不同的图形对象，搭制多个用户窗口，用户可以构造各种复杂的图形界面，用不同的方式实现数据和流程的可视化。

组态工程中的用户窗口最多可定义 512 个。所有的用户窗口均位于主控窗口内，其打开时窗口可见；关闭时窗口不可见。

5. 运行策略是对系统运行流程实现有效控制的手段

运行策略本身是系统提供的一个框架，其中放置由策略条件构件和策略构件组成的"策略行"。通过对运行策略的定义，使系统能够按照设置的顺序和条件操作实时数据库，控制用户窗口的打开、关闭并确定设备构件的工作状态等，从而实现对外围设备工作过程的精确控制。

综上所述，一个应用系统由主控窗口、设备窗口、用户窗口、实时数据库和运行策略五部分组成。组态工作开始时，系统只为用户搭建了一个能够独立运行的空框架，提供了丰富的动画部件与功能部件。如果要完成一个实际的应用系统，需要完成以下工作：

（1）要像搭积木一样，在组态环境中用系统提供的或用户扩展的构件构造应用系统，配置各种参数，形成一个有功能丰富、可实际应用的工程。

（2）把组态环境中的组态结果提交给运行环境。运行环境和组态结果一起就构成了用户自己的应用系统。

对于 MCGS 的组态步骤，见后续任务实施，此处不再赘述。

三、任务实施

1. 组态分析及总体步骤

（1）组态前画面分析：根据工作任务对图 5-3-1 所示触摸屏画面进行分析，总结出画面中包含的构件与内容如下：

① 状态指示灯：用于显示运行、停止操作以及各种工件入库动作对应的状态。

② 标准按钮：启动、停止、清零累计按钮。

③ 数据输入：变频器频率设置。

由于触摸屏作为人机界面，取代了部分按钮和指示等，是 PLC 进行输入/输出的中间介质，因此需要预先定义组态构件对应 PLC 中的变量名称与对应地址和数据类型（编号是随意的，只要不与 PLC 程序中其他地址冲突即可），如表 5-3-1 所示。

表 5-3-1 触摸屏组态画面各构件在 PLC 中对应地址与数据类型

构件类别	名 称	输入地址	输出地址	数据类型	备 注
位状态开关	启动按钮	M100		开关型	
	停止按钮	M101		开关型	
	工件清零按钮	M102		开关型	
位状态指示灯	运行指示灯		M10	开关型	
	停止指示灯		M11	开关型	
	黑色物料累计		M103	开关型	
	白色物料累计		M104	开关型	
	金属物料累计		M104	开关型	
数值输入元件	变频器频率给定	D0	D0	数值型	最小值 30 最大值 50

（2）组态总体步骤：

① 创建工程。

② 定义数据对象：在实时数据库窗口中增加数据对象，并定义数据类型。

③ 设备连接：为了能够使触摸屏和 PLC 进行通信，需要将定义好的数据对象和 PLC 内部

变量进行连接。

④ 画面和元件的制作：根据工作任务选择性放置 3 种不同类型的图形对象——图元、图符和动画构件，并进行相关属性设置。

⑤ 工程下载：将 MCGS 组态软件设计好的窗口界面资料下载到触摸屏。

⑥ 与 PLC 连接：使用触摸屏对 PLC 的运行控制进行输入/输出操作。

2. 触摸屏组态设计

下面按组态总体步骤进行触摸屏设计。

（1）创建工程：运行 MCGS 嵌入版组态环境，在菜单栏中选择"文件"→"新建工程"命令，在弹出的"新建工程"对话框中选择 TPC7062K，设置工程名称为"材料分拣组态窗口"。

（2）实时数据库窗口——定义数据对象：组态过程中用到的数据对象及其类型如表 5-3-1 所示。现以数据对象"启动按钮"为例，介绍定义数据对象的步骤。

① 在工作台中切换到"实时数据库"选项卡，如图 5-3-7 所示。单击"新增对象"按钮，在窗口的数据对象列表中，增加新的数据对象，多次单击该按钮则可增加多个数据对象。

② 单击"对象属性"按钮，或双击选中对象，弹出"数据对象属性设置"对话框，输入对象名称，设置对象类型，单击"确认"按钮，如图 5-3-8 所示。

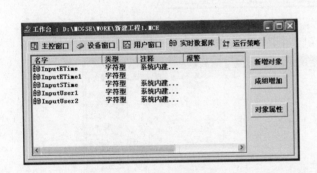

图 5-3-7　实时数据库窗口

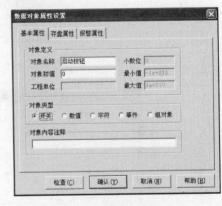

图 5-3-8　数据对象属性设置

按照此步骤，根据表 5-3-1，设置其他数据对象。

（3）设备窗口——设备连接：在触摸屏组态中，进入设备窗口进行相应的参数设置十分重要。具体操作步骤如下：

① 进入设备窗口，双击"设备窗口"图标进入。单击工具栏中的"工具箱" 📇 图标，打开"设备工具箱"，如图 5-3-9（a）所示。

双击"通用串口父设备"，然后双击"三菱_FX 系列编程口"，弹出如图 5-3-9（b）所示界面。

② 双击"通用串口父设备"，进入通用串口父设备的基本属性设置对话框，具体设置如图 5-3-10 所示，其中串口端口号要根据实际占用的计算机串口地址选择。

③ 双击"三菱_ FX 系列编程口"，进入"设备编辑窗口"，如图 5-3-11 所示。CPU 类型选择 2 - FX2NCPU。单击"删除全部通道"按钮将默认通道删除。

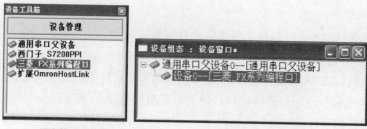

(a) 设备管理工具箱   (b) 三菱FX系列编程口

图 5-3-9   设备连接窗口

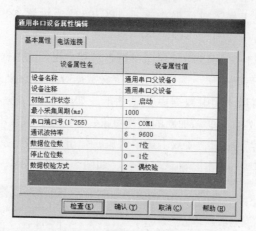

图 5-3-10   通用串口父设备属性设置

图 5-3-11   设备编辑窗口

④ 变量连接，以"起动按钮"变量为例说明连接设置。

- 单击"增加设备通道"按钮，在弹出的"添加设备通道"对话框中进行参数设置，如图 5-3-12 所示。单击"确认"按钮，完成基本属性设置。

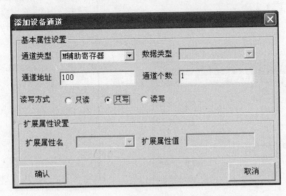

图 5-3-12 设备通道基本属性设置

参数设置说明：预先定义"启动按钮"在 PLC 中的地址为 M100，开关型变量（见表 5-3-1），且将钮读/写方式设为"只读"。

- 在"设备编辑窗口"中双击"只写 M0100"，在弹出的"变量选择"对话框中选择变量"启动按钮"，如图 5-3-13 所示，单击"确认"按钮完成"启动按钮"与 M0100 之间的设备连接。
- 用同样的方法，增加其他通道，连接变量。所有的通道与变量如图 5-3-14 所示。

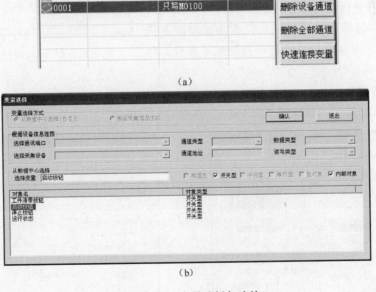

(a)

(b)

图 5-3-13 变量选择与连接

(4) 用户窗口——画面和元件的制作

① 画面及其属性：在"用户窗口"中单击"新建窗口"按钮，建立"窗口 0"。选中

"窗口0",单击"窗口属性"按钮,在弹出的"用户窗口属性设置"对话框中进行相应设置,如图5-3-15所示。

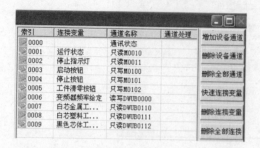

图5-3-14 工作任务涉及的全部通道与变量

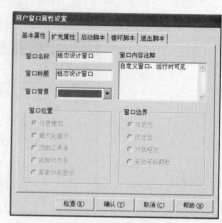

图5-3-15 "用户窗口属性设置"对话框

② 制作矩形框:单击绘图工具箱中的 ▭ 按钮,在窗口的左上方拖出一个大小适合的矩形,双击矩形,在弹出的"动画组态属性设置"对话框中进行相应设置,如图5-3-16所示,单击"确认"按钮完成。

③ 制作按钮:以"启动按钮"为例,单击绘图工具箱中的 ▭ 按钮,在窗口中拖出一个大小合适的按钮,双击按钮,在弹出的"标准按钮构件属性设置"对话框中进行相关属性设置。

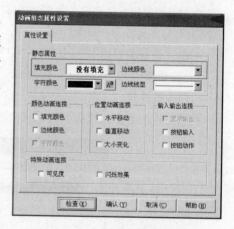

图5-3-16 矩形框属性设置窗口

- "基本属性"选项卡中:设置抬起和按下状态、文本颜色、背景色、边线色等参数,如图5-3-17所示。

- "操作属性"选项卡中:设置按下功能为数据对象操作置1,连接"启动按钮";设置"抬起功能"为数据对象操作清0,连接"启动按钮",如图5-3-18所示。

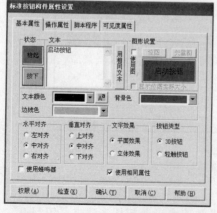

图5-3-17 按钮基本属性设置窗口

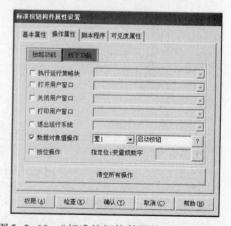

图5-3-18 "标准按钮构件属性设置"对话框

● 其他选项根据需要设置，完成后单击"确认"按钮完成。

④ 制作状态指示灯：

a. 以"运行指示灯"为例，单击绘图工具箱中的"插入元件"按钮 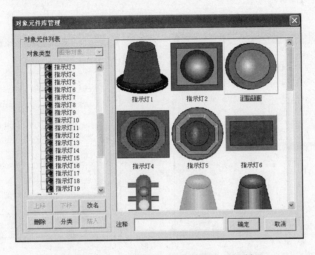，弹出"对象元件库管理"对话框，选择指示灯3，单击"确定"按钮，如图5-3-19所示。

图5-3-19 "对象元件库管理"对话框

b. 设置指示灯大小后，双击指示灯，在弹出的如图5-3-20所示的"单元属性设置"对话框中做如下设置：

● 在"数据对象"选项卡中，单击右上角的"？"按钮，从数据中心选择"运行状态"变量，如图5-3-20所示。

● 在"动画连接"选项卡中，单击"可见度"，右边出现 按钮，点击进入，在弹出的"动画组态属性设置"对话框中选择"属性设置"选项卡。选中"填充颜色"复选框，同时在该对话框中增加"填充颜色"选项卡，如图5-3-21所示。

图5-3-20 指示灯数据对象连接

图5-3-21 增加填充颜色属性页

● 在"填充颜色"选项卡中，将表达式与"运行状态"变量相连接。在"填充颜色连接"选项组中，分段点0对应颜色为白色；分段点1对应颜色为绿色，如图5-3-22所示，单击"确认"按钮完成。

⑤ 标签：选中"工具箱"中的"标签"按钮 Ａ，拖动鼠标，绘制一个标签框。双击标签框，在弹出的"标签动画组态属性设置"对话框中设置相应的属性，如图5-3-23所示。然后选择"扩展属性"选项卡，输入文本内容，如图5-3-24所示，单击"确认"按钮完成设置。

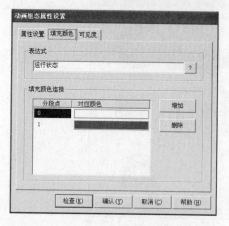

图5-3-22　填充颜色属性设置

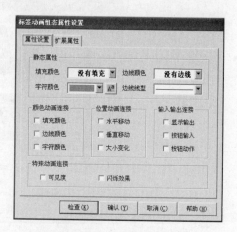

图5-3-23　标签属性设置

⑥ 数值输入框：单击绘图工具箱中的"输入框"按钮 ab，拖动鼠标，绘制一个输入框。双击输入框，弹出"输入框构件属性设置"对话框，设置相应的信息，如图5-3-25所示，单击"确认"按钮完成设置。

图5-3-24　"扩展属性"选项卡

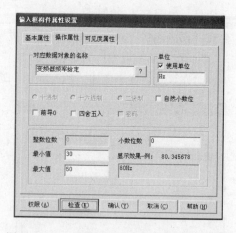

图5-3-25　"输入框构件属性设置"对话框

（5）工程下载：用触摸屏下载线（见图5-3-3）将触摸屏USB2接口与计算机相连接，然后在下载配置中，选择"连接运行"，单击"工程下载"按钮即可进行下载。如果工程项目要在计算机中模拟测试，则选择"模拟运行"，然后下载工程。

（6）与PLC连接：使用RS-232/RS-422转换器（见图5-3-3）将触摸屏COM接口直接与具体PLC的编程接口连接。连接完成后，就可用操作触摸屏对PLC的运行控制进行输入/输出操作。

3. PLC 程序设计

触摸屏控制的材料分拣控制系统，I/O 接线图与变频器参数设置与本单元任务二中模拟量输出模块基本相同，注意要将表 5-3-1 中触摸屏组态画面各构件在 PLC 中对应地址修改到程序对应位置，详见图 5-2-11，此处不再赘述。

4. 调试运行

（1）I/O 接线图参照图 5-2-11。

（2）参照图 5-3-7～图 5-3-25 进行触摸屏组态并下载到触摸屏，与 PLC 相连接。

（3）参照图 5-2-11 与表 5-3-1 编写完整的触摸屏控制材料分拣系统程序，下载到 PLC。

（4）在触摸屏上进行按钮操作与频率给定，观察触摸屏指示灯与数值显示功能，以及材料分拣系统运行情况。

5. 检查与评估

（1）检查 I/O 接线是否正确、规范，I/O 设备是否正常使用。

（2）检查梯形图和指令表的编辑是否正确。

（3）检查现象是否正确。

四、自主练习

组态一个运料小车测试窗口，编写相应 PLC 程序，下载调试运行。

如图 5-3-26 所示，界面上应能显示当前运料小车沿直线导轨运动的方向和速度数值。

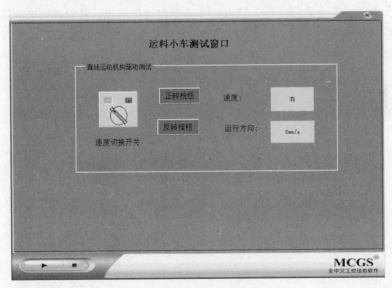

图 5-3-26 运料小车测试窗口

（1）速度切换开关用于切换两挡速度选择，第 1 挡速度要求为 50 mm/s，第 2 挡速度要求为 200 mm/s。

（2）"正转按钮"实现正向点动运转功能，"反转按钮"实现反向点动运转功能。

参 考 文 献

[1] 张冠生. 电器理论基础[M]. 2版. 北京：机械工业出版社，1989.

[2] 黄永红，张新华. 低压电器[M]. 北京：化学工业出版社，2007.

[3] 王仁祥. 常用低压电器原理及其控制技术[M]. 北京：机械工业出版社，2008.

[4] 郭艳萍. 电气控制与PLC应用[M]. 北京：人民邮电出版社，2010.

[5] MITSUBISHI ELECTRIC CORPORATION. FX1S, FX1N, FX2N, FX2NC 系列编程手册.

[6] MITSUBISHI ELECTRIC CORPORATION. FX 系列特殊功能模块用户手册.

[7] MITSUBISHI ELECTRIC CORPORATION. 三菱通用变频器 FR – E700 使用手册，2007.

[8] MCGS 嵌入版说明书.

[9] 浙江天煌科技实业有限公司. THJDAL – 2A 型自动生产线拆装与调试实训装置（三菱）使用手册.

[10] 浙江天煌科技实业有限公司. THJDAL – 3 型自动生产线拆装与调试实训装置使用手册.

[11] 亚龙科技集团有限公司. 亚龙 YL – 335B 型自动生产线实训考核装备实训指导书（三菱 PLC 版本），2009.